Ana Paula de Andrade Janz Elias

PESQUISA EM ENSINO DE FÍSICA

intersaberes

Rua Clara Vendramin, 58 . Mossunguê . CEP 81200-170 . Curitiba . PR . Brasil
Fone: (41) 2106-4170
www.intersaberes.com
editora@intersaberes.com

Conselho editorial
Dr. Alexandre Coutinho Pagliarini
Drª Elena Godoy
Dr. Neri dos Santos
Mª Maria Lúcia Prado Sabatella

Editora-chefe
Lindsay Azambuja

Gerente editorial
Ariadne Nunes Wenger

Assistente editorial
Daniela Viroli Pereira Pinto

Preparação de originais
Ana Maria Ziccardi

Edição de texto
Monique Francis Fagundes Gonçalves
Novotexto

Capa
Débora Gipiela (*design*)
Martina V, P-fotography, AVS-Images/
Shutterstock (imagem)

Projeto gráfico
Débora Gipiela (*design*)
Maxim Gaigul/Shutterstock (imagens)

Diagramação
Rafael Zanellato

Designer **responsável**
Iná Trigo

Iconografia
Maria Elisa Sonda
Regina Claudia Cruz Prestes

Dados Internacionais de Catalogação na Publicação (CIP)
(Câmara Brasileira do Livro, SP, Brasil)

Elias, Ana Paula de Andrade Janz
  Pesquisa em ensino de física / Ana Paula de Andrade Janz Elias. -- Curitiba, PR : Editora InterSaberes, 2023. -- (Série física em sala de aula)

  Bibliografia.
  ISBN 978-85-227-0568-9

  1. Física – Estudo e ensino 2. Física – Pesquisa 3. Pesquisa científica I. Título. II. Série.

23-158007
CDD-530.7

Índices para catálogo sistemático:
1. Física : Estudo e ensino   530.7

Eliane de Freitas Leite – Bibliotecária – CRB 8/8415

1ª edição, 2023.
Foi feito o depósito legal.
Informamos que é de inteira responsabilidade da autora a emissão de conceitos.

Nenhuma parte desta publicação poderá ser reproduzida por qualquer meio ou forma sem a prévia autorização da Editora InterSaberes.

A violação dos direitos autorais é crime estabelecido na Lei n. 9.610/1998 e punido pelo art. 184 do Código Penal.

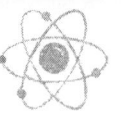

Sumário

Em escala subatômica 5
Como aproveitar ao máximo este livro 9

1 Fundamentos da investigação científica 13

    1.1 Origem da investigação científica 14

    1.2 Definição de ciência, conhecimento e investigação científica 16

    1.3 Tipos de conhecimentos 19

    1.4 Método científico 20

    1.5 Critérios de cientificidade 23

2 Tipos de pesquisa científica 32

    2.1 Metodologia e método 33

    2.2 Procedimentos metodológicos 36

    2.3 Tipos de pesquisa quanto à abordagem 38

    2.4 Tipos de pesquisa quanto ao objetivo 43

    2.5 Tipos de pesquisa quanto aos procedimentos metodológicos 48

3 Pesquisa no ensino de Física 80

    3.1 Histórico das pesquisas em educação no Brasil 82

    3.2 Linhas de pesquisa no ensino de Física 90

    3.3 Tipos de abordagens e métodos nas pesquisas em ensino de Física 97

    3.4 Divulgação de pesquisas no ensino de Física 104

3.5 Perspectivas da pesquisa no ensino de Física no Brasil e no mundo 107

4 Etapas da pesquisa no ensino de Física 115

4.1 Projeto de pesquisa e escolha do tema 116
4.2 Problema de pesquisa 124
4.3 Elaboração dos objetivos 127
4.4 Justificativa 129
4.5 Referencial teórico 130

5 Produção e análise de dados na pesquisa no ensino de Física 139

5.1 Coleta de dados 140
5.2 Descrição de dados 146
5.3 Discussão de dados 147
5.4 Análise de dados 149
5.5 Resumo e considerações finais da pesquisa 158

6 Ética na pesquisa em ensino de Física 165

6.1 Ética na investigação científica 166
6.2 Comitê de ética 174
6.3 Termo de consentimento livre e esclarecido 179
6.4 Implicações éticas na pesquisa 180
6.5 Divulgação dos resultados da pesquisa 184

Além das camadas eletrônicas 190
Referências 193
Corpos comentados 204
Respostas 206
Sobre a autora 212

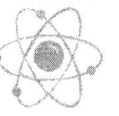

Em escala subatômica

A física é uma área que desperta interesse em diferentes profissionais que atuam na ciência. Seu estudo nos auxilia a compreender a evolução do mundo e a nossa própria existência. Neste livro, contudo, nosso foco não será a pesquisa na área da física, mas a pesquisa em ensino de Física, por isso ele é destinado a pesquisadores iniciantes que desejem aprender sobre os conceitos básicos para a elaboração de uma pesquisa, bem como para pesquisadores voltados para a área do ensino de Física.

O desenvolvimento de uma pesquisa científica não é simples, especialmente ao tratarmos de pesquisas em ensino, uma vez que as pesquisas nessa área não apenas têm uma perspectiva diferente daquelas produzidas em laboratório, como também seu foco está voltado para o desenvolvimento da ciência de maneira específica na área da educação.

Alguns pesquisadores nessa área, em certos momentos, sabem como aplicar suas investigações em campo, mas têm dificuldade em desenvolver um projeto ou um relatório de pesquisa. Com isso, o que desenvolvem e aplicam em campo não é divulgado e, portanto, não pode ser replicado, ampliado ou modificado por outros pesquisadores.

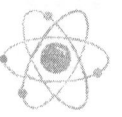

Certamente é possível encontrar alguns pesquisadores em ensino de Física que também atuam como docentes em diferentes instituições de ensino, por isso este livro também se destina a esses profissionais, uma vez que o professor, ao desenvolver um trabalho relevante em sala de aula, pode estar dando os primeiros passos para a construção de uma investigação científica, e ele só precisa compreender como sistematizar esse trabalho, desde o momento de elaboração do projeto até a divulgação do relatório.

Nesse contexto, este livro foi escrito visando auxiliar pesquisadores, especialmente os iniciantes, a compreenderem como desenvolver uma investigação científica na área do ensino de Física. Nosso objetivo principal é apresentar elementos essenciais para o desenvolvimento de uma investigação voltada para a área de ensino, assim o pesquisador poderá compreender os diferentes processos e dar seguimento a uma investigação, visando à qualidade do percurso que vai percorrer.

Para tanto, organizamos o conteúdo aqui abordado em seis capítulos, descritos a seguir. No Capítulo 1, trataremos sobre o que é uma investigação científica, sua origem, bem como a definição de ciência e de conhecimento e os diferentes tipos de conhecimento. Apresentaremos os principais métodos científicos e os critérios de cientificidade.

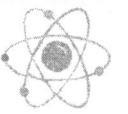

No Capítulo 2, vamos esclarecer a diferença entre metodologia e método e apresentaremos os tipos de pesquisa quanto a sua abordagem, seu objetivo e seus procedimentos metodológicos.

No Capítulo 3, trataremos de maneira mais específica da pesquisa no ensino de Física. Apresentaremos o histórico das pesquisas em educação no Brasil e as linhas de pesquisa no ensino de Física. Em seguida, explicaremos os tipos de abordagens e de métodos nas pesquisas em ensino de Física, sua forma de divulgação e suas perspectivas.

No Capítulo 4, descreveremos as etapas da pesquisa no ensino de Física, desde a escolha do tema e da execução do projeto até a elaboração do problema da pesquisa, dos objetivos, da justificativa e de trabalhos do tipo de revisão.

No Capítulo 5, enfatizaremos a produção e a análise de dados na pesquisa. Pontuaremos, de maneira detalhada, como coletamos dados para uma investigação, como descrevemos, analisamos e discutimos esses dados. Também trataremos sobre metodologias específicas para análise de dados e sobre a elaboração de resumo e das considerações finais de uma investigação.

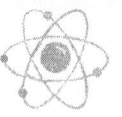

Por fim, no Capítulo 6, trataremos da ética, um tema sensível para a pesquisa. Discutiremos o que é considerado ético no desenvolvimento de uma investigação e na escrita de um trabalho acadêmico. A realização de pesquisas com seres humanos, tendo como respaldo um parecer positivo do comitê de ética em pesquisa, também será abordada nesse capítulo.

Esperamos que você leia essa obra no intuito de compreender o que é pesquisa e que possa utilizá-la no desenvolvimento de suas investigações.

Boa leitura!

Como aproveitar ao máximo este livro

Empregamos nesta obra recursos que visam enriquecer seu aprendizado, facilitar a compreensão dos conteúdos e tornar a leitura mais dinâmica. Conheça a seguir cada uma dessas ferramentas e saiba como elas estão distribuídas no decorrer deste livro para bem aproveitá-las.

Primeiras emissões

Logo na abertura do capítulo, informamos os temas de estudo e os objetivos de aprendizagem que serão nele abrangidos, fazendo considerações preliminares sobre as temáticas em foco.

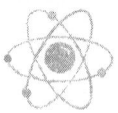

Força nuclear

Algumas das informações centrais para a compreensão da obra aparecem nesta seção. Aproveite para refletir sobre os conteúdos apresentados.

Radiação residual

Ao final de cada capítulo, relacionamos as principais informações nele abordadas a fim de que você avalie as conclusões a que chegou, confirmando-as ou redefinindo-as.

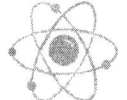

Testes quânticos

Apresentamos estas questões objetivas para que você verifique o grau de assimilação dos conceitos examinados, motivando-se a progredir em seus estudos.

Interações teóricas

Aqui apresentamos questões que aproximam conhecimentos teóricos e práticos a fim de que você analise criticamente determinado assunto.

Corpos comentados

Nesta seção, comentamos algumas obras de referência para o estudo dos temas examinados ao longo do livro.

Corpos comentados

CRESWELL, J. W. **Investigação qualitativa e projeto de pesquisa**: escolhendo entre cinco abordagens. Tradução de Sandra Mallmann da Rosa. 3. ed. Porto Alegre: Penso, 2014.

Nesse livro, Creswell trata de cinco abordagens para pesquisadores qualitativos: pesquisa narrativa, fenomenologia, teoria fundamentada, etnografia e estudo de caso. São apresentados os pressupostos filosóficos e as estruturas interpretativas de uma investigação, além de explicações sobre como desenvolver o projeto de um estudo qualitativo.

GATTI, B. A. **A construção da pesquisa em educação no Brasil**. Brasília: Liber Livro, 2007.

Nessa obra, Gatti apresenta um histórico sobre as pesquisas em educação desenvolvidas no Brasil. A autora trata de métodos, teorias, metodologias e indica as contribuições dessas pesquisas para o desenvolvimento dessa área em nível nacional.

GIL, A. C. **Métodos e técnicas de pesquisa social**. 6. ed. São Paulo: Atlas, 2008.

Nesse livro, Gil trata da natureza de uma pesquisa social e apresenta alguns métodos de investigação, além de explicar como ocorre a formulação de um

Fundamentos da investigação científica

1

A investigação científica costuma ter início na curiosidade do pesquisador sobre determinado assunto, mesmo que seja um pesquisador iniciante. Essa curiosidade pode levá-lo a desenvolver uma pesquisa utilizando diferentes métodos e, posteriormente, compartilhando-a com a comunidade científica.

Creswel (2014, p. 20) aponta que "estudantes e pesquisadores [...] precisam de opções que se adaptem aos seus problemas de pesquisa e que sejam adequadas aos seus interesses na condução da pesquisa". Por isso, torna-se pertinente tratar de maneira mais aprofundada desse tema neste capítulo.

Trataremos ainda dos fenômenos para o desenvolvimento de uma investigação científica e apresentaremos a definição de ciência e de conhecimento. Veremos também diferentes tipos de conhecimentos e diferentes métodos científicos.

Por fim, indicaremos os critérios de cientificidade de uma investigação, informação importante para o reconhecimento de como o pesquisador deve se posicionar ao desenvolver uma pesquisa.

1.1 Origem da investigação científica

A prática vivenciada por diferentes pessoas é permeada por diferentes fenômenos. Alguns deles, se não todos, podem ser avaliados por meio de uma investigação.

Segundo o dicionário, *fenômeno* é "tudo o que pode ser percebido pelos sentidos ou pela consciência" (Rocha, 2005, p. 324). Diante disso, podemos afirmar que, em qualquer área, diferentes fenômenos podem ser investigados. Para que haja uma investigação, é necessário que a curiosidade seja transformada em uma questão, em um problema, cuja resposta será buscada durante a pesquisa.

Contudo, nem toda investigação de um fenômeno pode ser denominada *científica*, pois existem etapas que devem ser respeitadas nesse tipo de investigação, como levantamento de problemas, elaboração de hipóteses para a resolução dos problemas levantados, coleta de dados, sistematização e análise dos dados e validação destes para verificação da hipótese. Cada uma dessas etapas apresenta especificidades e são desenvolvidas por meio de estratégias específicas e bem delimitadas.

É certo que existem investigações de fenômenos feitas sem nenhuma estratégia específica, de maneira natural, por pessoas que ou não se intitulam ou não se reconhecem como pesquisadores. Essas investigações compõem o conhecido *senso comum*.

O senso comum parte das atividades cotidianas, das experiências vividas pelos indivíduos, do conhecimento empírico. Como explica Moscovici (2003, p. 199), "ele continua a descrever as relações comuns entre os indivíduos, explica suas atividades e comportamento normal, molda seus intercâmbios no dia a dia". O senso comum pode ser o pontapé inicial para pesquisadores elaborarem questões para uma investigação científica, por isso, mesmo não tendo caráter científico, também é importante.

A pesquisadora Jodelet (1989, p. 5, tradução nossa) aponta que:

> Igualmente designado como "saber do senso comum" ou ainda "saber ingênuo", "natural", esta forma de conhecimento distingue-se, dentre outros, do conhecimento científico. Mas ela é tida como um objeto de estudo tão legítimo quanto aquele, por sua importância na vida social, pelos esclarecimentos que traz acerca dos processos cognitivos e as interações sociais.

Em outras palavras, quando considerado um objeto de estudo, o senso comum também pode ser denominado *fenômeno de uma investigação científica*. A investigação científica possibilita ao pesquisador apresentar evidências que interfiram em diferentes situações do contexto social no qual está inserido, ou, até mesmo, do contexto social de maneira global.

1.2 Definição de ciência, conhecimento e investigação científica

O conceito de ciência é complexo e abstrato. Alguns podem relacioná-lo com o que se depararam ao longo dos anos em sua vida acadêmica na disciplina de Ciências, outros podem associá-lo a situações de desenvolvimento de experiências, mas ele vai além e é abstrato.

Como argumenta Francelin (2004, p.27):

> A questão mais difícil de ser respondida ao se tratar da temática "ciência" é a que se relaciona com a sua definição. Como definir ou conceituar ciência? Essa pergunta permeia grande parte do itinerário bibliográfico no campo das ciências, mas nem sempre é respondida. Freire-Maia (1998) diz que raramente os filósofos da ciência se propõem a definir ciências. Existem, segundo o autor, três motivos para essa recusa: o primeiro reside no fato de toda definição ser incompleta (sempre há algo que foi excluído ou algo que poderia ter sido incluído); o segundo, na própria complexidade do tema; e o terceiro, justamente na falta de acordo entre as definições.

A definição de ciência, atualmente, é mais simples. Francelin (2004, p. 26), citando Freire-Maia (1998, p. 24), explica que a ciência é um "conjunto de descrições, interpretações, teorias, leis, modelos etc., visando ao conhecimento de uma parcela da realidade".

O conceito de ciência envolve descrições e interpretações da realidade, teorias que dão suporte para essas descrições e interpretações, tanto quanto leis e modelos. Ou seja, *ciência* é a maneira como desenvolvemos conhecimentos e novas descobertas por meio de métodos claros e específicos, denominados *métodos científicos*.

A busca por conceituar o que seria o conhecimento nasceu há séculos. Desde a Grécia Antiga, o conhecimento é considerado como uma *crença verdadeira justificada*. Platão buscava compreender a natureza do conhecimento e definir a essência do conhecimento, como descreve Klitzke (2019, p. 102, grifo do original):

> Ao longo do diálogo e das provocações de Sócrates, Teeteto apresenta três concepções de conhecimento, que são analisadas minuciosamente pelo grande sábio ateniense, a saber: conhecimento como sensação, conhecimento como opinião verdadeira e conhecimento como opinião verdadeira acrescida de um *logos* ou justificação.

Com base nessa citação de Klitzke (2019), entendemos que existe uma condição para o conhecimento: a crença. Contudo, essa crença precisa ser verdadeira e justificada. O conhecimento pode estar ligado às sensações do indivíduo ou às suas opiniões.

Em outras palavras, conhecimento se relaciona diretamente com os signos que compõem a estrutura cognitiva do indivíduo. Aquilo que é suporte para novos conhecimentos, aquilo que faz parte de seu processo de aprendizagem é denominado *conhecimento*. Ressaltamos que é dessa maneira que nos referimos a conhecimento ao longo deste texto.

Com a compreensão do que é conhecimento e ciência, trataremos de investigação científica. Considerando que ela se inicia com base nos conhecimentos prévios de um indivíduo e parte de um problema observado que precisa de resolução, uma investigação científica se relaciona de maneira direta com o passo a passo do desenvolvimento da ciência.

Uma investigação científica deve seguir um protocolo para seu desenvolvimento. Diante disso, na sequência, apresentaremos alguns protocolos para o desenvolvimento de uma investigação científica.

1.3 Tipos de conhecimentos

Já tratamos anteriormente sobre o conceito de conhecimento, um pouco sobre o conhecimento científico e também do conhecimento de senso comum. Cada um deles tem potencial para o desenvolvimento de uma investigação científica, assim como outros específicos, voltados para a resolução de diferentes situações-problema.

O conhecimento que pode auxiliar o pesquisador a resolver problemas pode contemplar exemplos e generalizações. Solaz-Portolés e López (2008, p. 106) argumentam que:

> O desenvolvimento de uma base de conhecimento é importante tanto em termos extensivos como em

termos da sua organização estrutural. Para que o conhecimento seja útil, não só os alunos terão de ser capazes de a ele aceder e de o aplicar, como também terão de possuir uma base de conhecimento prévia.

Shavelson, Ruiz-Primo e Wiley (2005), citados por Solaz-Portolés e López (2008), descrevem que existem três tipos de conhecimento:

1. **Conhecimento declarativo**: Contempla saber conteúdos disciplinares, como fatos, definições e descrições.
2. **Conhecimento procedimental**: Contempla o saber fazer, ou seja, dominar regras e sequências de produção.
3. **Conhecimento esquemático**: Contempla a compreensão do motivo, ou seja, saber a razão, os princípios e os esquemas.

Além desses, também é possível identificar o conhecimento situacional e o conhecimento estratégico. Cada um desses tipos de conhecimento auxilia o indivíduo na resolução de diferentes problemas; no caso de problemas científicos, esses conhecimentos auxiliam no desenvolvimento de uma investigação científica.

1.4 Método científico

É comum encontrarmos pesquisadores, especialmente iniciantes, que confundem método científico com metodologia de pesquisa. Como trataremos sobre metodologia de pesquisa mais adiante, aqui nesta seção esclareceremos o que é método científico e qual deve ser a postura dos pesquisadores na escolha do melhor método para sua investigação. Como explica Tonet (2013, p. 9):

> Quando se fala em método científico pensa-se imediatamente na ciência moderna, vale dizer, na forma de produzir ciência que foi estruturada a partir da modernidade e que teve em Bacon, Galileu, Copérnico, Kepler, Newton, Descartes e Kant, alguns dos seus mais eminentes representantes. Esta maneira de abordar a questão do método se tornou tão avassaladora, até pela sua frontal contraposição ao modo de pensar greco-medieval e pelos resultados obtidos por seu intermédio, que método científico se tornou, pura e simplesmente, sinônimo de método científico moderno. Por sua vez, método científico moderno se tornou sinônimo de caminho único e adequado de produzir conhecimento verdadeiro.

Conforme pontua Tonet (2013), *método científico* se tornou, para alguns, o caminho percorrido para se produzir determinado conhecimento, para se produzir ciência, ou seja, tornou-se sinônimo de *metodologia científica*. Por esse motivo, pesquisadores até mesmo experientes acreditam que é possível escolher o método da pesquisa após a elaboração do problema de investigação e do levantamento da hipótese dessa investigação. Vale pontuar, aqui, que a hipótese de pesquisa é uma afirmação relacionada à resposta para a pergunta levantada, ou seja, é uma afirmação que indica aonde o pesquisador pretende chegar e o resultado que ele pretende alcançar no processo de sua pesquisa.

Em relação ao método de uma investigação, considerando a questão ontológica do ser, podemos afirmar que aquele não é escolhido após uma questão ser levantada ou após hipóteses serem geradas, ele faz parte da concepção da pesquisa, faz parte do ser do pesquisador ou da essência da investigação a ser realizada. Ele é o suporte para todo o processo.

É com base no método da pesquisa que as questões são levantadas. Por exemplo, se o pesquisador, ou determinada investigação, tem um viés mais pragmático, isso deve ficar claro desde o apontamento da questão norteadora da pesquisa. Se um pesquisador tem um viés mais fenomenológico, isso também deve ficar evidente no problema que aponta. Em outras palavras, o pesquisador precisa conhecer a si mesmo, a ontologia de seu ser, seus valores e suas crenças, bem como as possibilidades que uma investigação abre para ele verificar se esses valores, essas crenças e essas possibilidades estão relacionados a algum método específico para, depois, iniciar todo o processo de sua investigação.

Diante disso, pensando que uma pesquisa científica é construída por meio de uma pirâmide, encontramos o método científico na base dessa pirâmide e os demais processos da investigação científica sustentados por ele.

Tendo ciência dessa pirâmide, podemos ter mais cuidado no momento da coleta e da análise dos dados de nossa investigação. Considerando, conforme citado anteriormente, que o método pode fazer parte de nosso ser por meio de nossas crenças e de nossos valores, e que na investigação devemos buscar agir com neutralidade, teremos capacidade de identificar onde o método da investigação se encaixa, de fato, na pesquisa que estamos desenvolvendo e onde, como pesquisadores, podemos contaminar o processo.

Com essa consciência, poderemos evitar a contaminação no desenvolvimento da investigação, permitindo que a ciência avance de fato.

1.5 Critérios de cientificidade

O trabalho desenvolvido durante a investigação científica comumente é registrado em um relatório de pesquisa e apresentado para a comunidade científica, além de ser possível a divulgação em outras comunidades, visando à promoção da ciência.

Para que um relatório de pesquisa seja científico, é necessário que tenhamos critérios no desenvolvimento da investigação. Independentemente do tipo de pesquisa que estejamos realizando, devemos seguir um protocolo para a coleta dos dados da investigação, o processo de análise dos dados e sua divulgação.

Sendo assim, precisamos nos mover por meio de uma atitude crítica e termos consciência de que o processo de investigação nem sempre terá sucesso, ou seja, nem sempre validará a hipótese levantada. Ao identificarmos essa possibilidade, devemos investigar os motivos de a hipótese não ter sido contemplada, em vez de manipular os dados apenas para responder de maneira positiva ao problema levantado. Falaremos sobre essa questão, com mais detalhes, quando abordarmos questões relativas à ética.

Para levantar uma ou mais hipóteses para a investigação, é preciso seguir alguns critérios, porque nem todas as pesquisas têm hipóteses viáveis. Por essa razão, é preciso, primeiramente, fazer uma análise de sua viabilidade.

As hipóteses devem ser conceitualmente específicas, ou seja, não é possível apresentar hipóteses com questões de valor em uma investigação. Por exemplo, se estivermos desenvolvendo uma pesquisa sobre o uso do *software* XYZ para o ensino de acústica, a seguinte hipótese não poderia ser levantada: o uso do *software* XYZ contribui para o ensino de acústica de maneira mais rápida em turmas de educação básica.

Vejamos que, nessa hipótese, apontamos que o uso do *software* é mais rápido no ensino de acústica: É mais rápido em relação a quê? Veja que também indicamos turmas da educação básica, mas quais turmas? Todas as turmas, em todas as regiões? Em todos os países?

As hipóteses devem ser testáveis, ou seja, é necessário haver a possibilidade de testar a hipótese apresentada para validá-la ou não. Elas podem ser consideradas verdadeiras ou falsas, além de poderem ser reproduzíveis, ou seja, não ter uma resposta fechada apenas nela. Elas devem ser baseadas em referenciais teóricos para que tenham efetiva sustentação científica, e não ser afirmações de senso comum.

De acordo com Braga (2005, p. 288, grifo do original), "geralmente os manuais de metodologia de pesquisa enfatizam como ponto de partida para investigação uma **hipótese de pesquisa**", porque, para alguns pesquisadores, a premissa de que a hipótese é verdadeira leva-os a seguir com a investigação propriamente dita.

Para exemplificar, Braga (2005, p. 289, grifo do original) pontua que:

> Às vezes você tem em mãos (se tiver, mas não é necessário) uma **hipótese de trabalho**. Esta, diferente da hipótese de pesquisa, é usada **como base para organizar a observação**. A questão (ou problema da pesquisa) pode tomar então a seguinte forma: se esta hipótese é verdadeira (e trabalharemos como se fosse), o que poderemos descobrir sobre os processos em pauta, estando munidos de tal afirmação? Note que aqui não vamos **investigar** a hipótese, mas sim tomá-la de antemão como verdadeira e usá-la como modo ou instrumento para direcionar as observações.

Contudo, outros pesquisadores apontam que a hipótese vem após a questão ser investigada, conforme indicado anteriormente neste texto, mesmo que de maneira implícita.

Moresi (2003) apresenta, de maneira simples, quatro passos que devem ser considerados em uma investigação, e a indicação da questão vem antes do levantamento da hipótese. São eles:

1º Coleta dados a respeito do problema que ele percebeu.
2º Formula uma hipótese para explicar os fatos conhecidos.
3º Deduz fatos novos da hipótese.
4º Tenta confirmar os fatos deduzidos mediante a experimentação. (Moresi, 2003, p. 14)

Acreditamos que, especialmente para o pesquisador iniciante, a hipótese, ou hipóteses, deve aparecer depois do desenvolvimento da questão norteadora, uma vez que a hipótese não deve ser uma afirmação de senso comum, mas precisa estar respaldada em outra pesquisa ou outro texto já publicado. Essas pesquisas são identificadas por meio da temática que se deseja investigar, ou seja, mediante uma questão norteadora, o pesquisador identifica alguns referenciais para leitura que podem auxiliá-lo na análise dos dados e na elaboração das hipóteses.

Radiação residual

Neste capítulo, explicamos o que é um fenômeno passível de investigação científica. Como pesquisadores, podemos nos perguntar: O que vou pesquisar? O fenômeno, ou objeto, de nossa investigação está intimamente ligado a essa questão que levantamos.

Apresentamos também a definição do termo *ciência* e explicamos que ela está diretamente relacionada à maneira como novos conhecimentos são descobertos. Em seguida, definimos o termo *conhecimento* e buscamos levar o leitor a compreender que essa palavra está diretamente relacionada aos processos cognitivos desenvolvidos pelo indivíduo, ou seja, o conhecimento se relaciona de maneira direta a conceitos, ideias e crenças que estão alicerçadas nele. Citamos o conhecimento científico e o conhecimento do senso comum, os quais podem nos auxiliar a responder a um problema de pesquisa, e apresentamos alguns métodos científicos.

Por fim, mencionamos alguns critérios de cientificidade de uma investigação, visando à compreensão de que uma pesquisa, para ter um viés científico, precisa de um pesquisador crítico e responsável em relação a todo o processo de sua investigação.

Testes quânticos

1) Sabendo que fenômenos podem ser avaliados por meio de investigações, assinale a alternativa que indica o que é necessário para que haja uma investigação:
   a) É necessário que sempre haja um laboratório preparado para o desenvolvimento da pesquisa.
   b) É necessário que haja curiosidade, a qual é apresentada pelo pesquisador por meio de uma questão.
   c) É necessário participar de um comitê de ética que investiga fenômenos específicos.
   d) É necessário avaliar o fenômeno por meio de recursos físicos para, posteriormente, identificar se existe a possibilidade de investigá-lo.
   e) É necessário ter diferentes indivíduos como participantes de todos os tipos de investigações, independentemente de sua abordagem.

2) Assinale a alternativa que apresenta a definição correta de *senso comum*:
   a) São conhecimentos adquiridos por meio de observação e repetição, pelas experiências vivenciadas por determinado grupo de pessoas.
   b) São conhecimentos previamente testados por meio de uma rigorosa metodologia de pesquisa.

c) São conhecimentos que, para serem validados, exigem sua experimentação em laboratórios com instrumentos de uso controlado.
d) São conhecimentos considerados os principais para o início de uma investigação científica, pois são basilares para todo tipo de processo.
e) São conhecimentos que não merecem atenção e devem ser desconsiderados na avaliação de qualquer fenômeno.

3) Sabendo que o método científico é diferente da metodologia da pesquisa, e considerando a questão ontológica do ser, assinale a alternativa que indica em qual momento da pesquisa o método é escolhido:
   a) Após a elaboração do problema da pesquisa.
   b) No processo de descrição da metodologia da pesquisa.
   c) No processo de análise de uma investigação.
   d) Desde a concepção da pesquisa.
   e) Após a escolha da lente teórica da investigação.

4) Assinale a alternativa que indica o que o pesquisador precisa considerar ao levantar a hipótese de uma pesquisa:
   a) A possiblidade de testar a hipótese para validá-la ou não.
   b) Que a hipótese deve ser validada para provar que a pesquisa foi desenvolvida de maneira científica.

c) Que a hipótese deve ter resposta positiva ao final da investigação.

d) Que a hipótese não necessariamente vai se relacionar com o problema da pesquisa.

e) Que a hipótese não necessariamente vai se relacionar com o objetivo da pesquisa.

5) Assinale a alternativa que indica quais passos devem ser considerados em uma investigação, segundo Moresi (2003):

a) Coleta de dados.

b) Formação da hipótese.

c) Dedução de fatos a partir da hipótese.

d) Confirmação dos fatos deduzidos a partir da experimentação.

e) Todas as alternativas anteriores estão corretas.

Interações teóricas

Computações quânticas

1) A escolha e o reconhecimento do método de uma investigação são fundamentais para o desenvolvimento de uma pesquisa científica. Geralmente, a escolha do método ocorre no momento de concepção de uma investigação e ele já está alicerçado nas estruturas cognitivas do pesquisador por meio de suas crenças e valores. Diante disso, como o pesquisador pode compreender qual é o método que se relaciona de maneira direta com suas crenças e valores?

2) Quando vemos que uma hipótese levantada por um pesquisador não é validada ao final da investigação, podemos concluir que esse pesquisador não agiu considerando os critérios científicos que uma pesquisa precisa ter? Por quê? Elabore um comentário por escrito e compartilhe suas reflexões com seu grupo de estudo.

Relatório do experimento

1) Pesquise sobre os diferentes métodos de uma investigação, os quais são conhecidos por alguns autores como *perspectivas filosóficas*, e identifique aquele que mais se alinha com suas crenças e valores. Elabore um texto escrito com sua reflexão e compartilhe com seu grupo de estudo.

Tipos de pesquisa científica

2

Neste capítulo, abordaremos diferentes tipos de pesquisa, iniciando pela compreensão de metodologia e de método. É possível existir uma relação entre as pesquisas qualitativa, quantitativa, aplicada, básica, exploratória, descritiva, explicativa, experimental, bibliográfica, documental, de revisão, estudo de caso, pesquisa-ação e fenomenológica. Por exemplo, uma pesquisa fenomenológica parte de uma abordagem qualitativa, assim como a pesquisa-ação também é qualitativa. Essas relações precisam ficar claras para o pesquisador no desenvolvimento de sua investigação e é necessário que fiquem evidentes na apresentação do relatório da investigação desenvolvida.

Veremos também como é possível desenvolver e apresentar uma pesquisa por meio de sua abordagem, de sua natureza, de seus objetivos e de seus procedimentos e distinguir cada um deles ao ler um relatório de investigação.

Durante o desenvolvimento deste capítulo, apontaremos as diferenças entre projeto e relatório de pesquisa e os momentos em que um projeto deve ser submetido a um comitê de ética. Além disso, trataremos das diferenças entre os gêneros textuais tese, dissertação, monografia, artigo científico e ensaio.

2.1 Metodologia e método

A palavra *pesquisa* nem sempre é compreendida em sua essência, razão por que tratar sobre essa questão é fundamental para a compreensão de como um pesquisador deve agir e se posicionar diante do trabalho que desenvolve.

No contexto educacional, há anos é comum que professores solicitem a seus alunos que desenvolvam uma pesquisa. No entanto, o que esses estudantes geralmente fazem "é consultar algumas ou apenas uma obra, do tipo enciclopédia, onde coletam as informações para a pesquisa" (Lüdke; André, 1986, p. 1). Atualmente, é comum que esses alunos acessem uma plataforma de busca na internet e consultem o que ali estiver indicado – um texto, uma notícia ou um vídeo – para a elaboração de seu trabalho, sem uma efetiva avaliação sobre o que estão consultando.

As pesquisadoras Lüdke e André (1986, p. 1) argumentam que

> esse tipo de atividade, embora possa contribuir para despertar a curiosidade ativa da criança e do adolescente, não chega a representar verdadeiramente o conceito de pesquisa, não passando provavelmente de uma atividade de consulta, importante, sem dúvida, para a aprendizagem, mas não esgotando o sentido do termo pesquisa.

Em outras palavras, o conceito de pesquisa nem sempre é bem compreendido por diferentes sujeitos – inclusive no contexto educacional, infelizmente. Para desenvolver uma pesquisa, primeiro devemos compreender o tema que desejamos investigar de maneira ampla e, após essa compreensão, atentarmos para as inquietações que surgirão, as quais podem se tornar ou não um problema para ser investigado de maneira criteriosa.

A metodologia da pesquisa comumente é apresentada após o referencial teórico, mas existem autores e pesquisadores que preferem que ela apareça antes desse item. Para o pesquisador iniciante escolher onde ela deve aparecer, ele deve buscar um autor que o respalde nesse sentido ou mesmo buscar orientações com seu orientador. Também é preciso verificar os critérios de submissão do texto segundo a instituição ou a publicação na qual vai apresentá-lo.

Independentemente de ser apresentado antes ou depois do referencial teórico, é no item *metodologia* que indicaremos o tipo da pesquisa: qualitativa ou quantitativa, básica ou aplicada, exploratória, descritiva ou explicativa, experimental, bibliográfica, documental, de revisão, bem como se é um estudo de caso, uma pesquisa-ação ou mesmo outra. Essa indicação deve ser apresentada de maneira conjunta à sua definição, com o respaldo de um autor que trate do assunto, pois isso sustenta nossa indicação. Para saber o que são esses tipos de pesquisa citados, fique atento à sequência deste texto.

Embora alguns autores considerem *método* e *metodologia* como sinônimos, trata-se de conceitos diferentes, e precisamos ter cuidado para diferenciá-los.

A metodologia contempla todo o percurso percorrido pelo pesquisador para o desenvolvimento de uma investigação, envolvendo os processos, as ferramentas e os padrões da pesquisa. Portanto, em relação à escrita do texto, ela é mais ampla do que a descrição do método.

O método se refere à classificação científica da investigação desenvolvida e diz respeito ao modo como a pesquisa será colocada em prática. Ele abrange a observação, a indução, o levantamento de hipóteses, a validação, ou não, da hipótese por meio de experimentações e de demonstrações, por exemplo.

O método se relaciona de maneira direta com a lente teórica do pesquisador ou da investigação a ser desenvolvida. A escolha da metodologia se relaciona de maneira direta com o método da investigação que está sendo realizada.

2.2 Procedimentos metodológicos

Em um relatório de pesquisa, os procedimentos metodológicos de uma investigação estão descritos no item *metodologia*. Nessa seção, devemos indicar o passo a passo que percorremos para o desenvolvimento da pesquisa. Nesse caso, não devemos ser sucintos, pois é preciso deixar claro para o leitor tudo o que fizemos para o desenvolvimento da investigação. Quanto mais detalhes apresentarmos nesse item, melhor; por isso é importante que ele seja feito de maneira conjunta com a investigação como um todo. Deixar para escrever a metodologia da pesquisa somente no final pode nos levar a perder detalhes preciosos, os quais poderão fazer diferença no momento de compreensão do leitor sobre a pesquisa desenvolvida por nós.

Cada passo percorrido na pesquisa e cada procedimento realizado devem ser descritos e justificados ao longo da metodologia. Essa justificativa pode estar alinhada com os objetivos da investigação, por isso precisamos ter cuidado para percorrer caminhos que se alinhem com os objetivos que indicamos inicialmente.

A descrição dos procedimentos deve ser detalhada e, em muitas situações, pode ser separada por tópicos. Por exemplo, se estamos desenvolvendo uma pesquisa qualitativa por meio de entrevistas, podemos criar tópicos como:

- **Tipo da pesquisa**: Descreve o tipo da pesquisa, colocando um autor que respalde o tipo indicado.
- **Caracterização do local da investigação**: Descreve o local com detalhes; inclusive, se quiser apresentar aspectos históricos ligados ao local, também é possível.
- **Participantes da pesquisa**: Apresenta as características dos participantes, como idade, formação, local de trabalho, local onde mora (tudo dependerá do objetivo da investigação).

- **Instrumentos utilizados**: Apresenta os instrumentos escolhidos; no exemplo dado, exibe o roteiro da entrevista e justifica a escolha dos instrumentos.
- **Passos percorridos**: Indica todos os passos percorridos para a coleta de dados.

> **Força nuclear**
>
> É preciso salientar que, em um projeto, a metodologia da pesquisa apresentará o que será realizado, ou seja, ela será escrita no tempo futuro. Já em um relatório de pesquisa, a metodologia visa apresentar o que já foi desenvolvido e, assim, precisa ser escrita no tempo passado.

É válido solicitar que uma pessoa que não tenha relação alguma com nossa pesquisa faça a leitura da metodologia para identificar se há coerência e se é possível compreender esse item importante do trabalho, tendo em vista que, quando escrevemos, escrevemos para o outro, não para nós mesmos.

2.3 Tipos de pesquisa quanto à abordagem

Em diferentes trechos, anteriormente citamos duas abordagens diferentes de pesquisas: quantitativa e qualitativa. A partir deste ponto, abordaremos cada uma delas com mais detalhes para nos aprofundarmos no assunto, uma vez que são as mais utilizadas em diferentes tipos de investigações.

Não é necessário escolher entre uma delas para desenvolvermos uma pesquisa, mas sim identificar, no problema de pesquisa e nas hipóteses que levantamos, qual o melhor caminho a escolher.

Na pesquisa quantitativa, os dados são mais quantificáveis e, comumente, possíveis de análise estatística. O controle do contexto nesse tipo de pesquisa é necessário, por isso ela é feita, geralmente, em laboratórios específicos ou tem ambientes artificiais produzidos para análise das variáveis. O participante que possibilita a coleta de dados em uma pesquisa quantitativa, como em uma pesquisa de saúde, por exemplo, nem sempre é ouvido ou tem sua opinião considerada para o desenvolvimento da investigação, pois crenças e valores não são considerados nesse processo científico. É possível, na pesquisa quantitativa, utilizar uma amostra para representar uma generalização de resultados, referente ao todo.

Na pesquisa qualitativa, ferramentas não quantificáveis são utilizadas no processo de coleta de dados, como textos, vídeos, áudios e imagens. O pesquisador, quando faz uma pesquisa de campo, não tem o controle do ambiente, pois ele busca observar e fazer inferências com base no objeto em sua natureza. Sua lente teórica geralmente influencia todo o processo, desde a coleta até a análise dos dados. Já o participante desse tipo de pesquisa tem voz, é ouvido e suas opiniões e crenças são consideradas.

Sobre esses dois tipos de pesquisa, Creswell (2007, p. 184) explica que:

> Os procedimentos qualitativos apresentam um grande contraste com os métodos da pesquisa quantitativa. A investigação qualitativa emprega diferentes alegações de conhecimento, estratégias de investigação e métodos de coleta e análise de dados. Embora os processos sejam similares, os procedimentos qualitativos se baseiam em dados de texto e imagem, têm passos únicos na análise de dados e usam estratégias diversas de investigação. Na verdade, as estratégias de investigação escolhidas em um projeto qualitativo terão uma influência marcante nos procedimentos. Esses procedimentos, mesmo dentro das estratégias, não são nada uniformes.

Apesar do que foi explicado por Creswell (2007) quanto à não uniformidade dos procedimentos da pesquisa qualitativa, nem toda pesquisa que não se enquadra nos critérios de uma pesquisa quantitativa é uma pesquisa qualitativa. A pesquisa qualitativa permite o uso de diferentes instrumentos para coleta de dados, bem como de diferentes técnicas para análise dos dados. Ela, certamente, é uma pesquisa mais subjetiva, pois parte da perspectiva do pesquisador, mas se baseia em critérios bem estabelecidos e precisa de uma sistematização para sua validação científica.

Pesquisas do tipo revisão, por exemplo, não são necessariamente pesquisas qualitativas ou quantitativas, por isso é preciso ficarmos atentos ao momento de indicar a abordagem da pesquisa que estamos desenvolvendo.

O pesquisador não escolhe a abordagem, mas identifica qual delas se adéqua mais à investigação levantada, com base no problema de pesquisa que colocou. Também é possível desenvolver pesquisas mistas, que tenham características quantitativas e qualitativas, tudo dependerá da identificação dos caminhos pertinentes a percorrer para responder à questão norteadora.

Apesar de tudo o que foi pontuado até aqui, o leitor pode estar se questionando quanto aos métodos de uma pesquisa, como os métodos indutivos, dedutivos e hipotético-dedutivos, por exemplo. Ressaltamos aqui que eles não se referem às abordagens de pesquisas, mas ao tipo de análise que vamos realizar durante a investigação.

Se a pesquisa parte de um processo de generalização para analisar os dados coletados, ela está se baseando em um método indutivo. Geralmente, utilizamos a experimentação para aprofundamento desse método de análise. Vamos a um exemplo simples para compreendê-lo:

> Um pesquisador na área de física identificou que, ao colocar uma resistência em série de 2 Ohm em um circuito qualquer, a corrente medida foi de 2 amperes. Depois, ele substituiu a resistência de 2 Ohm por uma

resistência de 4 Ohm e, assim, a corrente medida passou a ser igual a 1 ampere. Com base nessa experimentação, ele chegou à conclusão de que, sempre que a resistência é ampliada, a corrente é reduzida de forma inversamente proporcional, desenvolvendo assim um método de indução em sua investigação, ou seja, passou de algo individual para algo geral.

Contudo, se a análise de uma investigação parte de conceitos e regras gerais, presentes na literatura e já considerados verdadeiros para explicar algo de um objeto individual, essa análise está se apoiando em um método dedutivo.

Ressaltamos que, se os conceitos tomados *a priori* forem indiscutivelmente verdadeiros, a conclusão ao final da investigação também deverá ser verdadeira. Vamos a um exemplo para compreender melhor esse método de análise:

Um pesquisador na área de física sabe que a aceleração da gravidade é igual a 9,8 m/s^2. Com isso, ele consegue identificar o tempo em que um projétil chega ao chão, dependendo da massa e da altura desse projétil, de maneira individual.

Portanto, cuidado! Quando falarmos da abordagem de uma pesquisa, estamos nos referindo especificamente a abordagens qualitativa, quantitativa ou mista.

2.4 Tipos de pesquisa quanto ao objetivo

Ao apresentarmos o tipo de uma pesquisa por meio de seus objetivos, é preciso refletir sobre o conhecimento que pretendemos produzir após finalizarmos a investigação. É possível citar, ao menos, três tipos de pesquisas relacionados aos objetivos, ou seja, ao conhecimento que se deseja produzir: 1) pesquisa exploratória; 2) pesquisa descritiva; e 3) pesquisa explicativa.

Sobre as pesquisas exploratórias, o cientista social Antonio Carlos Gil (2008, p. 27) explica que elas

> têm como principal finalidade desenvolver, esclarecer e modificar conceitos e ideias, tendo em vista a formulação de problemas mais precisos ou hipóteses pesquisáveis para estudos posteriores. De todos os tipos de pesquisa, estas são as que apresentam menor rigidez no planejamento. Habitualmente envolvem levantamento bibliográfico e documental, entrevistas não padronizadas e estudos de caso.

Como explica Gil (2008), a pesquisa **exploratória** pode ser desenvolvida com diferentes tipos de pesquisa, como a pesquisa bibliográfica, a pesquisa documental, o estudo de caso, entre outras. Basta que o pesquisador identifique aquelas que efetivamente possibilitarão a ele que responda o seu problema de pesquisa.

A pesquisa exploratória pode ter ainda uma abordagem qualitativa, mas isso não é regra. Creswell (2007) explica que, na pesquisa qualitativa de caráter exploratório, os pesquisadores procuram compreender o contexto e o ambiente no qual os participantes estão inseridos. Nessas circunstâncias apontadas por Creswell (2007), além da pesquisa exploratória estar intimamente ligada à pesquisa qualitativa, ela também se relaciona com a pesquisa de campo.

Mas é preciso ficar claro que a pesquisa exploratória não necessariamente é qualitativa, como já citamos.

Gil (2008) aponta que a pesquisa exploratória, em muitas situações, é considerada uma primeira etapa de uma pesquisa maior, podendo proporcionar ao pesquisador maior delimitação de um determinado tema que ele quer ou precisa investigar. Isso ocorre porque, por meio da pesquisa exploratória, podemos buscar elementos mais sólidos para o desenvolvimento da investigação. Como afirma Gil (2008, p. 27), "o produto final deste processo passa a ser um problema esclarecido, passível de investigação mediante procedimentos mais sistematizados".

Por meio da pesquisa exploratória, podemos propor um novo tema para uma investigação. Com base nos dados coletados e analisados, podemos identificar lacunas de temas de investigação e apresentar hipóteses, além de problemas bem delimitados. Podemos ainda coletar os dados por meio de diferentes fontes e utilizar diversos instrumentos na pesquisa exploratória, visando identificar possibilidades de novas investigações e ampliar o conhecimento sobre determinado tema.

Precisamos ficar atentos, no entanto, ao objeto de investigação, pois a possibilidade de uso de diferentes instrumentos e fontes não significa que qualquer pesquisa possa ser denominada *pesquisa exploratória*. É preciso lembrar que a pesquisa exploratória visa ampliar determinado conhecimento e, para isso, torna-se aporte para um novo problema de pesquisa, como explica Gil (2008).

O segundo tipo de pesquisa relacionado aos objetivos é a pesquisa **descritiva**, a mais comum entre pesquisadores iniciantes. Por meio dela, podemos descrever de maneira organizada o máximo possível sobre o tema de nossa investigação. Para isso, precisamos estar dispostos a fazer diferentes leituras sobre o tema escolhido, visando um aporte significativo para o desenvolvimento do relatório de pesquisa.

Força nuclear

Neste ponto, cabem observações sobre *fichamento de pesquisa*. Quando fazemos fichamentos de nossas leituras, temos uma possibilidade maior de análise em razão da identificação dos principais pontos dos textos estudados. De maneira simples, o fichamento é a seleção das principais ideias e de trechos importantes dos textos lidos, que servirão de base para a escrita da pesquisa.

Ele pode ser feito em um bloco de notas, em fichas físicas, sublinhando os próprios textos, com o uso de um *software* de análise de dados etc. Existem diferentes possibilidades para a produção de um fichamento, e a melhor maneira para desenvolvê-lo será identificada pelo próprio pesquisador.

A respeito da pesquisa descritiva, Gil (2008, p. 28) argumenta:

> Algumas pesquisas descritivas vão além da simples identificação da existência de relações entre variáveis, pretendendo determinar a natureza dessa relação. Neste caso, tem-se uma pesquisa descritiva que se aproxima da explicativa. Por outro lado, há pesquisas que, embora definidas como descritivas a partir de seus objetivos, acabam servindo mais para proporcionar uma nova visão do problema, o que as aproxima das pesquisas exploratórias.

O terceiro tipo de pesquisa relacionada aos objetivos de uma investigação é a **explicativa**. Como o próprio nome sugere, ela busca explicar determinado fenômeno, sua causa e seus efeitos. Feita com base em outras pesquisas já desenvolvidas e publicadas, diferentemente da pesquisa exploratória, ela não é uma pesquisa inicial. Se pretendemos desenvolver um novo conhecimento, explicar o motivo de determinado fenômeno, mesmo que nunca estudado anteriormente, devemos optar pela pesquisa explicativa, na qual recorreremos a instrumentos adequados para a análise de uma grande quantidade de dados, tais como o Atlas.ti ou o Maxqda, que são *softwares* de análise de dados qualitativos.

A pesquisa explicativa, na visão de Andrade (2002, p. 20),

> é um tipo de pesquisa mais complexa, pois, além de registrar, analisar, classificar e interpretar os fenômenos estudados, procura identificar seus fatores determinantes. A pesquisa explicativa tem por objetivo aprofundar o conhecimento da realidade, procurando a razão, o porquê das coisas e por esse motivo está mais sujeita a erros.

O pesquisador Gil (2008) também afirma que esse tipo de pesquisa é o mais complexo e, além disso, delicado, visto que exige alto grau de controle e de rigor. Em algumas situações, os pesquisadores designam suas pesquisas como quase experimentais.

No Quadro 2.1, de maneira resumida, apresentamos as principais características dos três tipos de pesquisas apresentados neste subtópico.

Quadro 2.1 – Principais características de pesquisas exploratórias, descritivas e explicativas

	Exploratória	Descritiva	Explicativa
Principais características	1. Responde à pergunta: **O quê?** 2. Pesquisa de caráter inicial. 3. Auxilia na delimitação do problema de pesquisa.	1. Responde à pergunta: **Como?** 2. Visa identificar o maior número de informações sobre o tema pesquisado e apresentá-lo em um relatório de pesquisa.	1. Responde à pergunta: **Por quê?** 2. Pesquisa com alto grau de complexidade e suscetível a erros.
Principal objetivo	Identificar dados ou lacunas sobre temas já disponíveis na literatura.	Descrever os dados coletados sobre o tema a ser investigado.	Explicar o fenômeno por meio da análise dos dados coletados, para identificar causa e efeito relacionado a esse fenômeno.

2.5 Tipos de pesquisa quanto aos procedimentos metodológicos

Há vários tipos de pesquisa quanto a seu procedimento metodológico: experimental, bibliográfica, documental, de revisão, de estudo de caso, pesquisa-ação e fenomenológica. A seguir, apresentaremos um pouco sobre cada um desses tipos de pesquisa mencionados, suas características e suas particularidades.

2.5.1 Pesquisa experimental

A pesquisa experimental precisa de um experimento para ser validada e envolve a relação de causa e efeito de determinado fenômeno. Nela, o pesquisador manipula a realidade para identificar a relação entre diferentes variáveis presentes em sua investigação, visando validar hipóteses por ele levantadas. Por exemplo, um pesquisador quer saber se um pulso eletromagnético emitido por uma fonte será irradiado em determinada região no espaço. Para isso, ele precisa fazer o estudo da fonte de transmissão, ou seja, ele terá de verificar o formato da antena de emissão do pulso, pois, dependendo do formato dessa antena, o pulso será irradiado em diferentes direções, interferindo em sua eficiência. Nesse exemplo, a causa seria a emissão do pulso e o efeito seria a recepção do pulso eletromagnético.

O processo de tentativa e de erro está presente na pesquisa experimental, por isso, para que se realize a experimentação, o planejamento é fundamental. É preciso dedicar tempo para o processo de experimentação, assim como para o processo de escrita do relatório da pesquisa.

Existem as pesquisas **experimental básica** e **experimental aplicada**. Na primeira, o experimento é desenvolvido em ambientes controlados e criados para sua realização, como um laboratório de experimentos químicos, por exemplo. Na segunda, o experimento é desenvolvido em campo, em situações adversas e não controladas por um ambiente artificial.

Se desejamos fazer uma pesquisa experimental, devemos estar atentos ao fato de que observações precisam ser feitas para anotarmos as variáveis presentes na investigação e, posteriormente, analisarmos essas variáveis. Todo esse processo deve ser registrado e apontado no texto de apresentação da pesquisa experimental.

Na pesquisa experimental, é relevante que haja a possibilidade de comparação. Para isso, tomamos um elemento de controle e outro semelhante para podermos desenvolver o experimento e, ao final da experimentação, compará-los para validar ou não a(s) hipótese(s). Nesse caso, Gil (2008, p. 52) denomina essa pesquisa de *genuinamente experimental* e assim a explica:

> Os indivíduos do grupo experimental deverão ser submetidos a algum tipo de estímulo de influência ou, em outras palavras, à ação da variável independente. Imagine-se, por exemplo, que o objetivo da pesquisa seja o de verificar a influência da iluminação sobre a produtividade. Nesse caso, seriam constituídos dois grupos de trabalhadores. O primeiro (grupo experimental) seria submetido a variações de intensidade luminosa, ao passo que o segundo (grupo de controle) ficaria submetido a condições normais de iluminação.

Os dois grupos seriam, a seguir, acompanhados de maneira semelhante para verificar os efeitos da iluminação sobre a produtividade. Um cuidado importante nesta fase consiste em não promover diferenças entre os grupos a partir da forma de acompanhamento. Se, por fim, forem constatadas diferenças significativas entre os grupos, admite-se a veracidade da hipótese.

A descrição de Gil (2008) sobre a possibilidade de um experimento nos leva a destacar outra característica fundamental da pesquisa experimental: a descrição detalhada do experimento. O experimento precisa de manipulação e de controle, mesmo que não haja comparação, mas apenas observação. Nesse caso, ele será denominado *quase experimental*.

Embora bastante importante, o relatório de uma pesquisa experimental não contém apenas a descrição dos passos percorridos e das variáveis analisadas. Esse relatório deve conter:

1. o problema de pesquisa;
2. a(s) hipótese(s);
3. a descrição das variáveis;
4. o plano experimental;
5. a indicação dos sujeitos e/ou elementos presentes na experimentação;
6. a descrição do ambiente;
7. o passo a passo do processo de experimentação;
8. o processo de coleta de dados;

9. a análise dos dados coletados;
10. as considerações sobre todo o processo desenvolvido, desde o levantamento do problema até a análise de dados realizada.

Destacamos que, caso a pesquisa seja desenvolvida com seres humanos, é necessário que, primeiramente, o comitê de ética analise e aprove o projeto proposto. Somente com essa aprovação é possível realizar uma pesquisa envolvendo pessoas, mas isso não se restringe apenas à pesquisa experimental, envolve também qualquer tipo de pesquisa. Trataremos desse assunto com mais detalhes na Seção 6.2, no Capítulo 6.

2.5.2 Pesquisa bibliográfica

A pesquisa bibliográfica visa apresentar obras técnicas e acadêmicas já publicadas que tratam de determinado assunto. É comum que algumas pessoas confundam a pesquisa bibliográfica com uma pesquisa de revisão bibliográfica, mas elas são diferentes, uma vez que as pesquisas de revisão têm protocolos bem delimitados, como veremos a seguir.

A pesquisa bibliográfica é, na verdade, a pesquisa inicial para qualquer trabalho acadêmico, uma vez que, para compreendermos determinado assunto, é preciso que os textos de referência sobre ele sejam lidos. Nesse processo de leitura, alcançamos aprofundamento no tema e construímos um aporte teórico maior para compreendê-lo e para apresentá-lo no relatório de pesquisa.

Na pesquisa bibliográfica, selecionamos diferentes materiais, como livros, artigos, teses e dissertações. Nessa seleção, identificaremos trabalhos que respondam ao problema de pesquisa levantado por nós, uma vez que, como explica Gil (2008, p. 72), "escolher um assunto por si só não é suficiente para iniciar uma pesquisa bibliográfica. É necessário que esse assunto seja colocado em termos de um problema e ser solucionado".

Na pesquisa bibliográfica, poderemos apresentar o resumo dos textos lidos sobre o assunto selecionado, sempre relacionando a apresentação com o problema de pesquisa proposto. Não há um número mínimo ou máximo de textos para a leitura e apresentação, pois quem definirá esse número somos nós mesmos. Contudo, é essencial mostrar que as leituras feitas foram profundas e podem servir de suporte para a escrita do trabalho.

Se fizermos uma análise da literatura selecionada e lida, nossa pesquisa, então, vai além da bibliográfica. Nesse caso, precisaremos identificar qual é o tipo de pesquisa que utilizaremos, com base no formato de nossa análise, apresentando isso no texto.

Embora possam ser iniciais e mais simples de serem feitas, pesquisas bibliográficas também exigem critérios para o seu desenvolvimento, caso contrário, o texto escrito pelo pesquisador não passará de uma "colcha de retalhos", dificultando a leitura e a compreensão do texto apresentado.

Além da relação com o problema de pesquisa, devemos selecionar textos que contemplem uma única área. Se pretendemos investigar um tema relacionado à área da educação, devemos buscar livros ou outros trabalhos publicados nessa área; se almejamos investigar um tema relacionado à área da saúde, precisamos fazer a leitura de textos que tratem sobre o tema somente na área da saúde; se nosso intuito é investigar um tema relacionado à área da administração, devemos buscar textos publicados por administradores e pesquisadores dessa área, e assim por diante.

Após selecionar os textos que serão apresentados no relatório de pesquisa, devemos organizar a apresentação. É preciso escolher entre apresentar o resumo de um trabalho por vez ou apresentá-lo por tópicos. Na apresentação de um resumo por vez, podemos escolher fazê-lo por ordem cronológica; dessa maneira a evolução do tema, com o passar dos anos, poderá ser identificada. Na apresentação por tópicos, devemos criar categorias de apresentação e, para cada uma delas, descrever o que identificamos em todos os textos.

Independentemente da maneira como apresentamos os trabalhos que escolhemos para nossa investigação, essa decisão precisa ficar clara na metodologia de pesquisa descrita no relatório. Na metodologia, portanto, descreveremos quantos e quais trabalhos selecionamos; depois, se vamos apresentar os resumos individuais de maneira cronológica ou de outra maneira que percebemos ser mais relevante ou, ainda, se apresentaremos os trabalhos por categorias. Se a opção for por categorias, é necessário apresentar previamente os nomes daquelas que levantamos, a fim de dar um norte ao leitor de nosso trabalho.

A boa redação do texto fará diferença no momento de leitura e na compreensão do trabalho escrito. O que é óbvio, para nós, como pesquisadores, sobre determinado tema pode não ser para o leitor de nosso trabalho. Por isso, se for necessário, devemos criar notas de rodapé explicando algumas nuances que não cabem no corpo do texto e cuidar para detalhar o máximo possível dos trabalhos que selecionamos para apresentar na pesquisa bibliográfica.

2.5.3 Pesquisa documental

A pesquisa documental utiliza documentos primários como fonte para coleta de dados. Ela se assemelha à pesquisa bibliográfica, mas nela o pesquisador utiliza, com frequência, materiais brutos, os quais não passaram por nenhum processo de análise (Gil, 2008).

Alguns exemplos de documentos que podem ser analisados em uma pesquisa documental são textos de lei, documentos organizacionais, documentos históricos, textos jurídicos, documentos pessoais, entre outros.

Gil (2008, p. 51) pontua que, na pesquisa documental:

> Existem, de um lado, os documentos de primeira mão, que não receberam qualquer tratamento analítico, tais como: documentos oficiais, reportagens de jornal, cartas, contratos, diários, filmes, fotografias, gravações etc. De outro lado, existem os documentos de segunda mão, que de alguma forma já foram analisados, tais como: relatórios de pesquisa, relatórios de empresas, tabelas estatísticas etc.

É possível alinhar a pesquisa documental a outro tipo de pesquisa, inclusive entre as já apresentadas aqui. O psicólogo João Mário Cubas (2021), por exemplo, relacionou a pesquisa documental com outros tipos, pois, em sua tese, ele realizou uma pesquisa qualitativa descritiva de caráter documental e de campo. Em sua pesquisa de doutorado, intitulada *A infância e a adolescência na política de saúde mental: uma análise por meio dos conselhos e conferências de saúde*, ele analisou relatórios de conferências de saúde, atas de reuniões de conselhos de saúde federal, estaduais e municipais e memórias da Comissão Temática de Saúde Mental da cidade de Curitiba, no Estado do Paraná, publicados a partir do ano de 2001.

> **⚠ Força nuclear**
>
> Mesmo compreendendo que a pesquisa documental envolve a análise de documentos específicos, é preciso ficar claro que citar um documento no relatório de uma pesquisa não a torna necessariamente uma pesquisa documental. Por exemplo, se um pesquisador estiver investigando a aprendizagem de física por meio do uso de tecnologias digitais no ensino médio e citar o que é proposto pelo documento da Base Nacional Comum Curricular (BNCC) sobre o uso dessas ferramentas em sala de aula, sua pesquisa não é documental, pois, nesse caso, esse documento serviu apenas como aporte teórico para o pesquisador.

Em outras palavras, a pesquisa documental precisa da análise dos documentos de maneira específica. Nesse sentido, assim como as demais pesquisas, deve responder a um problema levantado pelo pesquisador e se ater a um tipo específico de documento, para a coerência da investigação.

2.5.4 Pesquisa de revisão

Existem diferentes tipos de estudos de revisão. Vosgerau e Romanowski (2014) apresentam um levantamento com base em periódicos nacionais e internacionais da Coordenação de Aperfeiçoamento de Pessoal de Nível

Superior (Capes*) em que identificaram diferentes tipos de estudos, classificados como *estudos de revisão*. Segundo as pesquisadoras:

> Os estudos de revisão consistem em organizar, esclarecer e resumir as principais obras existentes, bem como fornecer citações completas abrangendo o espectro de literatura relevante em uma área. As revisões de literatura podem apresentar uma revisão para fornecer um panorama histórico sobre um tema ou assunto considerando as publicações em um campo. Muitas vezes uma análise das publicações pode contribuir na reformulação histórica do diálogo acadêmico por apresentar uma nova direção, configuração e encaminhamentos. (Vosgerau; Romanowski, 2014, p. 167)

Vosgerau e Romanowsk (2014) ainda apontam que estudos de revisão visam organizar e esclarecer o que já tem sido publicado sobre determinado assunto, portanto, esse tipo de pesquisa tem certos critérios a serem seguidos e respeitados pelos pesquisadores.

No entanto, apesar dessas autoras indicarem que estudos de revisão resumem as principais obras existentes, elas também pontuam que esse tipo de pesquisa

---

* A Capes, órgão vinculado ao Ministério da Educação, atua na expansão e na consolidação dos programas de pós-graduação *stricto sensu* no Brasil por meio da concessão de bolsas de estudo, da divulgação e do acesso à produção científica, na promoção de cooperação científica, entre outras várias atividades de fomento da pesquisa científica no país.

aponta direções, configurações e encaminhamentos para determinada investigação (Vosgerau; Romanowski, 2014).

Os estudos de revisão são importantes porque podem servir de base para outros estudos mais amplos. O pesquisador que deseja investigar sobre um tema precisa saber o que já tem sido publicado sobre este para não se basear no senso comum ao desenvolver sua pesquisa.

Identificar o que já tem sido publicado por meio de um estudo de revisão, respeitando um protocolo bem estabelecido, acrescentará um caráter efetivamente científico à investigação desenvolvida. Uma pesquisa de revisão pode, inclusive, além de ser aporte para uma pesquisa maior, ser publicada à parte, visando auxiliar outros pesquisadores que desejem identificar o que já está disponível na literatura sobre o tema em questão.

Em sua pesquisa, Vosgerau e Romanowiski (2014) apontaram diversas denominações para os estudos de revisão desenvolvidos por diferentes pesquisadores, tais como: *levantamento bibliográfico, revisão de literatura, revisão bibliográfica, estado da arte, revisão narrativa, estudo bibliométrica, revisão sistemática, revisão integrativa, meta-análise, metassumarização* e *síntese de evidências qualitativas*. Vamos esclarecer aqui algumas dessas nomenclaturas.

Apesar dos nomes das revisões dados pelos pesquisadores serem semelhantes, os processos são diferentes, e isso precisa ficar claro para o pesquisador que fará um estudo de revisão. A diferença, muitas vezes, apresenta-se tanto pelo objetivo colocado quanto pela questão norteadora levantada. Se o pesquisador deseja, por exemplo, identificar tudo o que existe na literatura sobre determinado tema para identificar uma lacuna sobre este, deve fazer uma pesquisa tipo *estado da arte*.

Contudo, é preciso ficar claro que, em uma pesquisa tipo estado da arte, será delimitada uma área de investigação. Se o pesquisador deseja, por exemplo, identificar como tem sido o ensino de Física por meio do uso de tecnologias digitais nos últimos anos, ele precisa selecionar a área da educação para fazer suas buscas.

O foco maior desse tipo de pesquisa está na problematização e na metodologia de pesquisas já publicadas, pois a "sua finalidade central é o mapeamento, principalmente servindo ao pesquisador como uma referência para a justificativa, lacuna que a investigação que se pretende realizar poderá preencher" (Vosgerau; Romanowiski, 2014, p. 173).

Alguns pesquisadores identificam a pesquisa do tipo *estado da arte* como *estado do conhecimento*. Nesse viés, o estado do conhecimento tem o mesmo foco apresentado anteriormente para o estado da arte.

Contudo, se quisermos identificar de maneira ampla, sem "cortes", as referências disponíveis que tratam sobre o tema selecionado para nossa investigação, devemos fazer um levantamento bibliográfico. Também é possível selecionarmos a área a ser pesquisada, mas isso dependerá do objetivo indicado na pesquisa.

No levantamento bibliográfico, utilizaremos diferentes materiais, como livros, teses, dissertações, artigos, vídeos, *sites*, entre outros que abordem o tema. Nesse caso, não vamos nos ater a um tópico apenas, mas, de maneira resumida, apresentaremos os trabalhos identificados que tratam sobre o tema de nossa investigação. Se, na apresentação do levantamento realizado, elaborarmos um ensaio teórico, por exemplo, apresentando uma discussão com base no material selecionado, esse levantamento bibliográfico poderá ser caracterizado como *revisão de literatura*, ou *revisão bibliográfica*.

Para a construção e a revisão de literatura, ou revisão bibliográfica, é necessário que organizemos o material coletado durante o levantamento bibliográfico, pois a organização "facilita a utilização deste material na produção de análises mais refinadas para o seu futuro aprofundamento" (Vosgerau; Romanowiski, 2014, p. 170).

Em relação à revisão sistemática, Vosgerau e Romanowiski (2014) apontam seis agrupamentos que identificaram ao longo de sua investigação:

1. **Definição do conceito investigado, presente nos estudos incluídos no processo de revisão**: O pesquisador pode se aprofundar no conceito de determinado tema buscando, na literatura, como os pesquisadores que já publicaram sobre determinado assunto o definem. A apresentação dessas definições, bem como de suas especificidades (semelhanças e diferenças),

será a essência dessa revisão e do processo de discussão nela apresentado.

2. **Problema de pesquisa ou questão norteadora**: Aqui, o foco da revisão está no problema de pesquisa presente nos trabalhos incluídos no processo de revisão. O pesquisador deverá apresentar os problemas, bem como analisar cada um deles, questionando-se se esses problemas foram efetivamente respondidos e como eles foram respondidos.

3. **Método, ou métodos, de pesquisa apresentados**: A identificação dos métodos utilizados para a realização do estudo sobre determinado tema também pode ser foco de um trabalho de revisão. É possível, inclusive, trabalhar com mais de um desses tópicos de maneira simultânea em uma única investigação. Por exemplo, o pesquisador pode fazer uma revisão sistemática considerando tanto os métodos quanto os problemas de pesquisas apresentados nos textos incluídos no processo de revisão. Mais uma vez, vale salientar que o que irá delimitar isso será o objetivo da revisão colocado pelo pesquisador.

4. **País/local de realização dos estudos identificados**: Identificar questões regionais em uma investigação pode esclarecer de maneira mais pontual a maneira como um determinado assunto é tratado.

5. **Identificação do número e da origem dos participantes**: Combinar a investigação pela localização e pelos participantes de uma pesquisa pode enriquecer a revisão sistemática apresentada pelo pesquisador.

6. **Principais resultados presentes nas pesquisas incluídas no processo de revisão**: Aqui, o pesquisador pode não apenas apresentar, em sua revisão, os principais resultados, como também fazer uma análise sobre os resultados identificados e apresentá-la ao final de sua investigação.

Para qualquer um dos agrupamentos identificados por Vosgerau e Romanowiski (2014) para uma revisão sistemática, é preciso que compreendamos a necessidade de um processo rigoroso de seleção de pesquisas, bem como de sua análise.

No processo de seleção, é necessário identificarmos uma ou mais base de dados que efetivamente contribuam para nossa investigação. Para isso, demarcar inicialmente a área na qual a revisão será feita é muito importante. Após a delimitação das bases, é essencial selecionar, de maneira criteriosa, as palavras-chave, ou *descritores*, com as quais faremos nossa busca. Essas palavras precisam estar alinhadas com o objetivo da revisão, caso contrário, não alcançaremos sucesso nela.

Após esse processo inicial, precisamos ler todos os títulos apresentados na base escolhida para as palavras-chave citadas. Isso mesmo! Devemos ler todos os títulos. Nesse momento e nos seguintes, precisaremos focar nos processos de inclusão e de exclusão dos trabalhos apresentados, e todos os passos percorridos desde a escolha da área e das bases devem ser descritos no trabalho, visando apresentar o rigor com que foi feita a revisão.

No momento de leitura dos títulos, incluiremos na investigação aqueles que se relacionam com o objetivo da pesquisa. Caso não seja possível reconhecer se o título se alinha, de fato, com o objetivo da revisão, devemos incluir o trabalho e passar para o próximo passo.

No próximo passo, faremos a leitura dos resumos dos trabalhos incluídos após a leitura dos títulos. No momento da leitura dos resumos, os trabalhos cujos títulos não possibilitaram uma análise mais criteriosa poderão ser identificados como trabalhos que atendem, ou não, ao objetivo da revisão. Mas não somente esses. Os trabalhos cujos títulos aparentavam atender aos critérios da investigação também poderão ser excluídos, caso, no resumo, seja identificado que tenham um viés diferente do proposto inicialmente.

Após a leitura dos resumos, é necessário ler integralmente os trabalhos incluídos na investigação. Se nesse momento, mais uma vez, percebermos que um dos trabalhos não se relaciona com o objetivo que colocamos para a investigação, podemos excluir o trabalho, ficando apenas com aqueles que atendem aos objetivos da revisão.

Nesses trabalhos incluídos é que faremos um aprofundamento e a análise para posterior apresentação.

Esses passos de inclusão das pesquisas em um trabalho de revisão devem ser apresentados no relatório do trabalho, portanto, no texto da pesquisa propriamente dito. Para isso, é válido utilizarmos uma figura ou quadro de maneira que fiquem mais evidentes os processos de inclusão e de exclusão dos trabalhos identificados na base.

No Quadro 2.2, a seguir, exemplificamos a apresentação desses processos.

Quadro 2.2 – Exemplo de apresentação do processo de inclusão dos trabalhos de uma revisão

Trabalhos identificados na base de dados, segundo as palavras-chave indicadas	x trabalhos
Leitura dos títulos para inclusão daqueles trabalhos que se alinham ao objetivo da revisão	x – y trabalhos
Leitura dos resumos dos trabalhos para inclusão daqueles que se alinham ao objetivo da revisão	(x – y) – z trabalhos
Leitura integral dos trabalhos para inclusão daqueles que se alinham ao objetivo da revisão	((x – y) – z) – w trabalhos
Total de trabalhos incluídos para análise	Indicar o número de trabalhos incluídos na revisão, após todos os processos realizados anteriormente.

Vale salientar que essa apresentação, seja por meio de um quadro semelhante ao exemplo apresentado, seja por meio de texto, seja por meio de figura, seja por outro meio escolhido, fará parte do item de metodologia do trabalho de revisão desenvolvido. Ela é importante porque indicará o passo a passo percorrido e será evidência de que o trabalho, mesmo que de revisão, foi realizado de maneira criteriosa.

Nos processos de leitura dos títulos e dos resumos, podemos buscar auxílio de algum *software* de análise de dados ou da própria planilha de Excel. É certo que nenhum deles fará a seleção por nós, mas nos auxiliarão na organização e, até mesmo, na apresentação desse processo de seleção dos trabalhos a serem incluídos na revisão a ser desenvolvida.

2.5.5 Estudo de caso

A pesquisa de estudo de caso é focada em uma situação particular, relacionada a um contexto específico. Nela, utilizaremos uma perspectiva qualitativa dentro de um ambiente ou contexto real.

Como esclarece Creswell (2014, p.86-87, grifo do original):

> A pesquisa do estudo de caso é uma abordagem qualitativa na qual o investigador explora um sistema delimitado contemporâneo da vida real (um caso) ou múltiplos sistemas delimitados (casos) ao longo do tempo, por meio da coleta de dados detalhada em profundidade envolvendo **múltiplas fontes de informação** (p. ex., observações, entrevistas, material audiovisual e documentos e relatórios) e relata uma **descrição**

do caso e **temas do caso**. A unidade de análise no estudo de caso pode ser múltiplos casos (um estudo **plurilocal**) ou um único caso (um estudo **intralocal**).

Para realizar um estudo de caso, devemos escolher uma situação pontual, um caso específico que verifiquemos ser passível de investigação. Creswell (2014) aponta que esse caso pode estar relacionado a um indivíduo ou a um grupo pequeno de pessoas, uma empresa, uma comunidade, um evento ou uma atividade, por exemplo. O caso deve estar relacionado a situações atuais, para assim termos a oportunidade de investigar situações rotineiras e contemporâneas.

No processo de estudo de caso, é preciso que façamos a coleta de muitos dados utilizando-nos, para isso, de diversas fontes, pois o aprofundamento no caso estudado deve ser o nosso foco. É necessário ficarmos atentos, pois a escolha da situação para investigação, bem como o uso de apenas uma fonte de dados, não implica que a pesquisa seja um estudo de caso. Realizar, por exemplo, uma pesquisa superficial sobre uma comunidade, com entrevistas semiestruturadas*, não se encaixa nesse tipo de pesquisa.

Contudo, é preciso delimitarmos, de fato, o caso que vamos investigar. Nesse processo de delimitação, precisamos identificar o que desejamos estudar na situação específica em que se encontra nossa pesquisa,

---

* Entrevistas que têm um breve roteiro para nortear o pesquisador.

determinar a possibilidade de realizar um trabalho por amostragem e definir o tempo que dedicaremos a nossa investigação.

Como afirma Creswell (2014, p. 90), "alguns estudos de caso podem não ter um começo claro e pontos finais, e o pesquisador precisará definir fronteiras que o delimitem adequadamente".

Na pesquisa de estudo de caso, o foco está em uma situação específica, mas, após sua finalização, os resultados obtidos podem ser generalizados para outras situações, outros contextos semelhantes.

As pesquisadoras Lüdke e André (1986) explicam que a generalização do que foi investigado dependerá do leitor ou usuário do estudo desenvolvido. Para elas:

> É possível, por exemplo, que o leitor perceba a semelhança de muitos aspectos desse caso particular com outros casos ou situações por ele vivenciados, estabelecendo assim uma "generalização naturalística" [...]. Esse tipo de generalização ocorre, no âmbito do indivíduo, através de um processo que envolve conhecimento formal, mas também impressões, sensações, intuições, ou seja, aquilo que Polanyi chama de "conhecimento tácito". O estudo de caso parte do princípio de que o leitor vá usar esse conhecimento tácito para fazer as generalizações e desenvolver novas ideias, novos significados, novas compreensões. (Lüdke; André, 1986, p. 23)

Apesar de a generalização ser feita pelo leitor do estudo desenvolvido, a escolha pela pesquisa de estudo de caso único ou estudo de casos múltiplos é feita pelo pesquisador. Quando o pesquisador opta por realizar uma pesquisa de estudo de casos múltiplos, ele se compromete a pesquisar dois ou mais casos para, posteriormente, compará-los. Por meio de uma pesquisa de estudo de caso múltiplos, a possibilidade de generalização torna-se mais simples para o leitor.

Assim como no caso do estudo de casos múltiplos, para ser relevante, o estudo de caso único precisa de profundidade no processo de investigação desenvolvido pelo pesquisador. E, ainda, se for um estudo de caso raro, decisivo, revelador, extremo, discrepante ou típico, conforme apontado por Gil (2002), ele se justifica e tem relevância.

2.5.6 Pesquisa-ação

A pesquisa-ação é uma investigação que acontece em um contexto ou ambiente específico e visa resolver um problema que atinge vários indivíduos desse ambiente, desse contexto. O pesquisador interage com os indivíduos de sua pesquisa de maneira direta, pois ele está inserido ou se insere fisicamente no ambiente da investigação para observar esse ambiente em um primeiro momento e, após coleta e análise inicial dos dados, implementar ações que visem resolver o problema levantado.

Vale salientar que a pesquisa-ação não se encerra no momento de implementação, pois, após esse processo, o pesquisador buscará identificar se as ações por ele sugeridas e implementadas resolveram de maneira efetiva o problema que gerou a investigação, ou se essa implementação indicou possíveis novos caminhos para a situação na qual o problema estava presente. Segundo Thiollent (2011, p. 7-8), a pesquisa-ação

consiste essencialmente em elucidar problemas sociais e técnicos, cientificamente relevantes, por intermédio de grupos em que encontram-se reunidos pesquisadores, membros da situação-problema e outros atores e parceiros interessados na resolução dos problemas levantados ou, pelo menos, no avanço a ser dado para que sejam formuladas adequadas respostas sociais, educacionais, técnicas e/ou políticas. No processo de pesquisa-ação estão entrelaçados objetivos de ação e objetivos de conhecimento que remetem a quadros de referência teóricos, com base nos quais são estruturados os conceitos, as linhas de interpretação e as informações colhidas durante a investigação.

O pesquisador que optar por esse tipo de pesquisa precisa fazer um roteiro para os momentos em que estiver inserido no contexto pesquisado. Contudo, esse roteiro pode ser alterado em parceria com os participantes sempre que eles e o pesquisador ou pesquisadores perceber(em) que é necessário. A construção desse tipo de investigação não é linear, mas adaptada às circunstâncias e a diferentes fatores que se apresentem no percurso.

Thiollent (2011, p. 55) afirma que, nesse tipo de pesquisa, "há sempre um vaivém entre várias preocupações a serem adaptadas em função das circunstâncias e da dinâmica interna do grupo de pesquisadores no seu relacionamento com a situação investigada". Contudo, para o autor, existem dois passos inerentes a essa pesquisa: 1) o ponto de partida (fase exploratória) e 2) o ponto de chegada (divulgação externa).

Na fase exploratória, o pesquisador faz o reconhecimento do ambiente no qual desenvolverá sua investigação, passa a se relacionar com os indivíduos que participarão dela e busca identificar as expectativas desses indivíduos em relação à pesquisa proposta. Nessa fase, o pesquisador tenta "identificar as expectativas, os problemas da situação, as características da população e outros aspectos que fazem parte do que é, tradicionalmente, chamado 'diagnóstico'" (Thiollent, 2011, p. 56-57).

Após essa fase exploratória, o pesquisador segue alguns passos que, conforme já citamos anteriormente, são flexíveis e adaptáveis, conforme os acontecimentos apresentados no processo de pesquisa.

Thiollent (2011) explica que esses passos não têm uma ordem a ser seguida, sendo apenas contemplados na pesquisa-ação, quais sejam: escolha do tema da pesquisa; definição dos objetivos; identificação dos principais problemas; análise teórica; elaboração de hipóteses; realização de seminário; seleção da amostragem e representatividade qualitativa; coleta de dados; e elaboração do plano de ação.

Thiollent (2011, p. 64) declara que "os pesquisadores devem ficar atentos para que a discussão teórica não desestimule e não afete os participantes que não dispõem de uma formação teórica", visto que eles participam de todo o processo nesse tipo de pesquisa.

Entre os passos apresentados, Thiollent (2011) esclarece que o seminário não deve se confundir com os seminários de apresentação e de divulgação de pesquisas. No seminário, segundo Thiollent (2011), são discutidas informações e tomadas decisões sobre o processo de investigação, e tanto o pesquisador quanto os participantes participam do seminário. O autor resume algumas das principais tarefas do seminário da seguinte forma:

1) Definir o tema e equacionar os problemas para os quais à pesquisa foi solicitada.
2) Elaborar a problemática na qual serão tratados os problemas e as correspondentes hipóteses de pesquisa.
3) Constituir os grupos de estudos e equipes de pesquisa. Coordenar suas atividades.
4) Centralizar as informações provenientes das diversas fontes e grupos.
5) Elaborar as interpretações.

6) Buscar soluções e definir diretrizes de ação.
7) Acompanhar e avaliar as ações.
8) Divulgar os resultados apoiados pelos canais apropriados.

Dentro do funcionamento normal do seminário, o papel dos pesquisadores (Orstman, 1978, p. 230) consiste em:

1) Colocar à disposição dos participantes os conhecimentos de ordem teórica ou prática para facilitar a discussão dos problemas.
2) Elaborar as atas das reuniões, elaborar os registros de informação coletada e os relatórios de síntese.
3) Em estreita colaboração com os demais participantes, conceber e aplicar, no desenvolvimento do projeto, modalidades de ação.
4) Participar numa reflexão global para eventuais generalizações e discussão dos resultados no quadro mais abrangente das ciências sociais ou de outras disciplinas implicadas no problema. (Thiollent, 2011, p. 68)

Por fim, o pesquisador faz a divulgação externa da investigação desenvolvida, mas, para que ela aconteça efetivamente, é necessário que todos os participantes concordem com ela. E ainda, como afirma Thiollent (2011, p. 82), "a divulgação dos resultados deve ser feita de modo compatível com o nível de compreensão dos destinatários", pois o processo de divulgação, se compreendido, pode interferir em outras realidades, com base em um processo de generalização realizado pelos leitores.

2.5.7 Pesquisa fenomenológica

A pesquisa fenomenológica consiste em descrever o significado de um fenômeno assumido por vários indivíduos com base nas experiências que vivenciaram relacionadas ao fenômeno investigado. Creswell (2014, p. 72) explica que "o propósito básico da fenomenologia é reduzir as experiências individuais com um fenômeno a uma descrição universal".

Durante o processo da pesquisa fenomenológica, devemos utilizar o diário de campo como uma ferramenta de coleta de dados. Nesse diário, descreveremos tudo o que observamos, sem fazer interferências, inferências ou julgamentos. O diário de campo pode ser escrito ou gravado, a critério do pesquisador.

Podemos utilizar também entrevistas abertas* para o processo de coleta de dados, além de outros instrumentos à nossa escolha, mas devemos evitar fazer interferências ou direcionar os sujeitos da investigação, pois o propósito é identificar as experiências vivenciadas pelo

---

* Entrevistas abertas não têm roteiro nem perguntas fechadas. O pesquisador apresenta um tema para o entrevistado e deixa-o livre para tecer sobre o assunto.

sujeito com base nas expectativas e impressões dele diante do fenômeno.

Após a coleta dos dados, vamos analisá-los, extraindo de vídeos, textos, desenhos ou outro instrumento utilizado expressões, palavras, imagens e frases que merecem destaque. Essa extração pode ser feita com o auxílio de um *software* de análise de dados, no qual códigos abertos podem ser gerados nesse primeiro momento. Esses códigos devem ser mais bem analisados e, com base neles, serem formadas categorias de análise. Essas categorias são confrontadas com a teoria selecionada para a investigação e, nesse processo, a compreensão do fenômeno é desenvolvida.

Creswell (2014, p. 73-74, grifo do original) aponta sete características definidoras da fenomenologia:

> Uma ênfase em um **fenômeno** a ser explorado, expresso em termos de um único conceito ou ideia [...]. A exploração desse fenômeno com um **grupo de indivíduos** que vivenciaram o fenômeno [...]. Uma **discussão filosófica** sobre as ideias básicas envolvidas na condução de uma fenomenologia [...]. Em algumas formas de fenomenologia, o pesquisador se coloca **entre parênteses**, fora do estudo, ao discutir experiências pessoais com o fenômeno [...]. Um procedimento de **coleta de dados** que envolva entrevistar os indivíduos que experimentaram o fenômeno [...]. **Análise dos dados** que pode se seguir aos procedimentos sistemáticos que partem de unidades

delimitadas de análise [...]. A fenomenologia termina com uma descrição, discutindo a essência das experiências dos indivíduos e incorporando "o quê" e "como" eles têm experimentado.

Vale salientar que, no processo da pesquisa fenomenológica, devemos escolher indivíduos que efetivamente tenham vivenciado determinado fenômeno para que haja uma compreensão da vivência comum desses participantes em relação ao fenômeno estudado.

Radiação residual

Neste capítulo, explicamos que as pesquisas podem ser apresentadas com base em sua natureza, seus objetivos e seus procedimentos, além de sua abordagem. Apontamos as diferenças entre pesquisas dos tipos básica e aplicada e, entre pesquisas exploratórias, descritivas e explicativas. Explicamos, ainda, como podemos desenvolver pesquisas experimental, bibliográfica, documental, de revisão, estudo de caso, pesquisa-ação e fenomenológica.

A possibilidade de relacionar um tipo de pesquisa com outra também foi apresentada neste capítulo. Como vimos, a pesquisa fenomenológica é também qualitativa, e uma pesquisa básica também pode ser descritiva; um estudo de caso pode ser uma pesquisa qualitativa e ter caráter exploratório; e uma pesquisa pode ser experimental e quantitativa, visto que o caráter de apresentação desses tipos de pesquisas é diferente.

Esclarecemos que o pesquisador precisa ter ciência do tipo de pesquisa que quer desenvolver e das relações possíveis que pode escolher. Ele precisa ter ciência das características de cada um desses tipos de pesquisa, quanto aos seus objetivos, seus métodos de coleta e análise dos dados e suas apresentações.

Testes quânticos

1) Assinale a alternativa que indica corretamente o que é contemplado no item de metodologia de uma pesquisa científica:
   a) A introdução da pesquisa científica.
   b) Os resultados da pesquisa científica.
   c) Os principais tópicos do resumo de uma investigação.
   d) Todo o percurso percorrido pelo pesquisador para o desenvolvimento da pesquisa.
   e) Todas as alternativas anteriores estão corretas.

2) Assinale a alternativa que indica corretamente em qual item do texto de uma pesquisa científica o pesquisador deve inserir a indicação e a descrição dos instrumentos de coleta utilizados:
   a) No item de metodologia.
   b) No resumo do trabalho.
   c) Nas considerações finais.
   d) No item de introdução.
   e) No referencial teórico.

3) Assinale a alternativa que indica corretamente a classificação de uma pesquisa quando tratamos de sua abordagem:
   a) Exploratória, mista e fenomenológica.
   b) Qualitativa, quantitativa e exploratória.
   c) Qualitativa, quantitativa e mista.
   d) Exploratória, mista e qualitativa.
   e) Fenomenológica, quantitativa e mista.

4) Assinale a alternativa que indica corretamente a classificação de pesquisas quanto a seus objetivos:
   a) Exploratória, descritiva e explicativa.
   b) Qualitativa, quantitativa e mista.
   c) Descritiva, explicativa e mista.
   d) Qualitativa, descrita e explicativa.
   e) Quantitativa, descritiva e explicativa.

5) Assinale a alternativa que indica corretamente a classificação de uma pesquisa quando tratamos de seus procedimentos metodológicos:
   a) Exploratória, mista e fenomenológica.
   b) Qualitativa, quantitativa e mista.
   c) Exploratória, descritiva e explicativa.
   d) Experimental, bibliográfica, documental, de revisão, estudo de caso, pesquisa-ação e fenomenológica.
   e) Experimental, bibliográfica, de revisão, mista, pesquisa-ação, qualitativa e quantitativa.

Interações teóricas

Computações quânticas

1) Nas áreas de educação e de ensino, é mais comum verificarmos a publicação de pesquisas qualitativas em maior volume quando comparada à publicação de pesquisas com outras abordagens. Por que pesquisadores dessas áreas optam com mais frequência por esse tipo abordagem de pesquisa e não pela abordagem quantitativa? Elabore um texto escrito com suas considerações e compartilhe com seus colegas.

2) A pesquisa exploratória comumente é realizada como uma pesquisa inicial, que terá sequência posteriormente. Por que ela é considerada, por diferentes pesquisadores, como uma pesquisa inicial? Quais são suas características para que seja considerada dessa maneira?

Relatório do experimento

1) Sabendo que existem diferentes tipos de pesquisas de revisão e considerando que elas auxiliam o pesquisador a compreender o que já é tratado na literatura sobre um determinado tema, escolha uma temática e faça uma pesquisa de revisão sobre ela no Google Acadêmico, uma base de dados de pesquisas científicas. Antes, retome a resposta da "Atividade aplicada: prática" do Capítulo 1, em que identificou o método que se relaciona com seus valores e crenças. Apresente os resultados aos colegas de estudo.

Pesquisa no ensino de Física

3

Se considerarmos o contexto internacional, é possível identificarmos o quanto as pesquisas desenvolvidas especificamente na área da física contribuíram, e ainda contribuem, para o desenvolvimento da sociedade. Por meio de pesquisadores e pesquisas ligadas a essa área, foi possível desenvolver diferentes ferramentas e tecnologias que são comuns em nosso dia a dia, como a luz elétrica, o freio dos automóveis, a concepção do conceito de gravidade, a compreensão e a usabilidade da radioatividade, o uso de motores à combustão, entre outros.

Essas pesquisas, contudo, relacionam-se à área de física, e não à área do ensino de Física necessariamente como componente curricular. Pesquisas contempladas pela área do ensino de Física buscam investigar metodologias, sequências didáticas, adaptações curriculares e ferramentas de ensino que auxiliem os professores dessa área a ministrarem a disciplina tanto na educação básica como na educação superior.

Como o ensino de Física no mundo é amplo e diferente de região para região e de país para país, e considerando que o leitor deste livro atua no contexto brasileiro como pesquisador e também como professor, vamos nos ater ao ensino de Física, à sua evolução e suas perspectivas no contexto brasileiro.

Assim, neste capítulo, trataremos dos diferentes processos que envolveram as pesquisas no ensino de Física no contexto brasileiro ao longo dos anos e a influência dessas pesquisas nos processos educacionais em diferentes instituições de ensino.

O desenvolvimento de pesquisas no ensino de Física é relevante especialmente para seu desenvolvimento no contexto educacional. Por isso, é importante compreender como acontecem essas pesquisas e como nos dispor a pesquisar nessa área, especialmente sobre as lacunas que ainda existem.

Faremos também uma breve introdução em cada uma das seguintes subáreas da física: astronomia, eletromagnetismo, física moderna, mecânica, ondulatórias, óptica e termodinâmica.

O objetivo, entretanto, não é apresentar os conteúdos estudados nessas subáreas, mas indicar quais os estudos desenvolvidos por meio de pesquisas que as contemplam e quais as possibilidades de pesquisas podem ser desenvolvidas nelas.

Sendo assim, com base na leitura deste capítulo, será possível já iniciar uma pesquisa, direcionando o seu foco para uma subárea, conforme sua proximidade com ela. Além disso, você poderá buscar identificar se o seu perfil é o de pesquisador teórico, experimental ou aplicado. Afinal, seu objetivo é desenvolver novas teorias físicas, validá-las por meio de experimentos ou apresentar a possibilidade de aplicação das teorias desenvolvidas?

3.1 Histórico das pesquisas em educação no Brasil

No Brasil, as pesquisas voltadas para o ensino de Física são relativamente novas. O físico e educador Roberto

Nardi (2018, p. 1) comenta que "as primeiras teses e dissertações em ensino de Física no país datam da década de 1970". O Simpósio Nacional de Ensino de Física, que aconteceu no ano de 1970, e o Encontro de Pesquisa em Ensino de Física, que ocorreu no ano de 1986, contribuíram, segundo Nardi (2018), para o desenvolvimento dessas pesquisas.

Já a pesquisadora Sonia Salem (2012, p. 17) afirma que produções e pesquisas nessa área datam de um pouco antes, da década de 1960, pois ela considera que essas produções tiveram início "quando projetos de ensino foram desenvolvidos por docentes e pesquisadores preocupados com a melhoria da educação nesse campo". No entanto, Salem (2012) também menciona a relevância da década de 1970, na qual, segundo ela, pesquisas nessa área foram institucionalizadas graças à implantação de programas de pós-graduação voltados para essa área.

De qualquer maneira, como afirma Salem (2012, p. 17), "ao longo de muitas décadas, a área de Ensino de Física no Brasil vem se consolidando e ganhando uma identidade própria, seja como campo de pesquisa, seja como espaço de produção de propostas, intervenção e projetos, pautados e planejados segundo o conhecimento produzido".

A pesquisa em educação nem sempre aconteceu da maneira como vemos atualmente. As mudanças foram se desenrolando ao longo dos anos por diferentes fatores, como o maior número de programas de pós-graduação voltados para essa área. Com o tempo, as temáticas se ajustaram a respeito de questões relacionadas ao contexto social no qual as instituições estiveram inseridas.

A pesquisadora em educação Marli André (2001) afirma que os temas das pesquisas em educação se ampliaram e se diversificaram com o passar dos anos. Segundo ela, no Brasil:

> Os estudos que nas décadas de 60-70 se centravam na análise das variáveis de contexto e no seu impacto sobre o produto, nos anos 80 vão sendo substituídos pelos que investigam sobretudo o processo. Das preocupações com o peso dos fatores extraescolares no desempenho de alunos, passa-se a uma maior atenção ao peso de fatores intraescolares: é o momento em que aparecem os estudos que se debruçam sobre o cotidiano escolar, focalizam o currículo, as interações sociais na escola, as formas de organização do trabalho pedagógico, a aprendizagem da leitura e da escrita, as relações de sala de aula, a disciplina e a avaliação. O exame de questões genéricas, quase universais, vai dando lugar a análises de problemáticas localizadas, cuja investigação é desenvolvida em seu contexto específico. (André, 2001, p. 53)

Pesquisas que envolviam questões técnicas ligadas à educação abriram espaço para pesquisas de cunhos social, filosófico, ambiental, político, pessoal, psicológico, entre outros. Por meio delas, foi possível identificar que, "para compreender e interpretar grande parte das questões e problemas da área de educação é preciso lançar mão de enfoques multi/inter/transdisciplinares e de tratamentos multidimensionais" (André, 2001, p. 53).

Com isso, pesquisas qualitativas ganharam força e espaço entre os pesquisadores voltados para a área da educação, os quais passaram a lançar mão de coleta de dados em campo, voltados para observações e entrevistas com diferentes participantes, por exemplo. Eles ainda puderam se colocar como sujeitos de suas próprias investigações e pesquisar o cotidiano no qual estavam inseridos, pois muitos deles também eram agentes dentro do ambiente escolar.

Contudo, mesmo que atualmente seja possível afirmar que pesquisas na área da educação podem ser desenvolvidas por diferentes caminhos, elas não podem ser feitas de qualquer maneira e sem nenhum critério. Não podem também se basear no senso comum, sem nenhum critério específico para coleta e análise de dados. É necessário, portanto, tomar cuidado no momento de desenvolver uma pesquisa na área educacional tanto quanto em outras áreas.

Em algum momento, já ouvimos falar que uma pessoa escolheu determinada profissão por falta de opção. Algumas pesquisas realizadas por pesquisadores iniciantes indicam que a pesquisa é qualitativa sem que ela efetivamente tenha essa abordagem. No entanto, o fato de as pesquisas qualitativas abrirem diferentes possibilidades para os pesquisadores não significa que eles devam aceitar qualquer coisa.

Como já ressaltamos, uma pesquisa deve se basear em critérios rigorosos para ser considerada efetivamente científica. Embora não exista um único caminho a percorrer, a rigorosidade no momento da coleta e da análise de dados é extremamente importante.

Sobre essa questão, a pesquisadora em educação Bernadette Gatti (2007, p. 11) argumenta que, "no mundo da pesquisa, pela própria experiência vivida pelos pesquisadores, temos algumas pistas para não incorrermos em excessivos vieses ou cairmos nas armadilhas de nossos desejos, que poderão tornar nossos resultados e conclusões inócuos ou inválidos".

A pesquisa em educação tem grande potencial, pois, além de permitir diferentes vieses para o momento de coleta e de análise de dados, também possibilita que perspectivas diversas sejam discutidas, como "perspectivas filosóficas, sociológicas, psicológicos, políticas, biológicas, administrativas etc." (Gatii, 2007, p. 14).

Contudo, independentemente do caminho ou da perspectiva escolhida pelo pesquisador da área educacional, ele precisa ter claro que há nuances a serem consideradas, seja qual for a sua escolha. Como explica Gatti (2007, p. 34), "é fundamental o conhecimento dos meandros filosóficos, teóricos, técnicos e metodológicos da abordagem escolhida" porque, ao demonstrar que domina esses conhecimentos, o pesquisador mostra que sua pesquisa tem rigor científico, o que a fará ser efetivamente considerada pela comunidade acadêmica, assim como pela comunidade geral que lerá o relatório de sua investigação.

Se a pesquisa for bem "amarrada", se tiver esses vieses bem claros e argumentos sólidos, é possível, inclusive, que ela influencie de maneira substancial o contexto que está sendo investigado, visto que, como explica Gatti (2007, p. 39), "o que se produz enquanto conhecimento nas reflexões e pesquisas na academia socializa-se não de imediato, mas em uma temporalidade histórica, e essa história construída nas relações sociais concretas seleciona aspectos dessa produção no seu processo peculiar de disseminação e apropriação".

Em outras palavras, é fundamental a construção sólida da pesquisa, o rigor científico evidente, para que as discussões que o pesquisador almeja promover passem a acontecer de maneira efetiva.

Por isso, mais uma vez, lembramos que a pesquisa em educação e a pesquisa qualitativa não podem ser realizadas de qualquer maneira; portanto, se não sabemos qual é o tipo de investigação que estamos desenvolvendo na área educacional, não devemos indicar que ela é qualitativa somente porque esse tipo de abordagem aceita diferentes perspectivas. O mais correto é parar um pouco, estudar, compreender o que é a pesquisa em educação e o que é a pesquisa qualitativa e, depois, seguir em frente.

Muitas vezes, um passo mal percorrido é pior do que "voltar um degrau" para tomar impulso!

Ao tomar conhecimento de que existem critérios que devem ser seguidos para o desenvolvimento de uma pesquisa na área educacional, o pesquisador também precisa ter ciência de que esse tipo de pesquisa tem grande relevância para o contexto que está sendo investigado, visto que, pela natureza de seus temas, as pesquisas em educação, comumente, impactam a sociedade como um todo.

As investigações sobre processos educativos, as políticas que os cercam, as questões filosóficas contempladas no ambiente educacional, as questões ambientais que impactam os processos de ensino e de aprendizagem, as questões neurológicas que influenciam o desenvolvimento de um estudante, as diferentes abordagens didáticas utilizadas, bem como o uso de diferentes técnicas e instrumentos, desenvolvidos por docentes que visam promover a educação, entre outras possibilidades, influenciam de maneira direta ou indireta a atuação dos diferentes atores que compõem o contexto da educação.

Um exemplo dessa relevância são os estudos sobre o uso de tecnologias digitais (TDs) nos processos de ensino e de aprendizagem nas diferentes instituições de ensino brasileiras. Embora essas pesquisas tenham ganhado força no Brasil nas últimas décadas, elas aconteciam de maneira muito pontual, ou seja, algumas localidades, algumas escolas e algumas disciplinas eram investigadas sobre o uso das TDs em sala de aula.

Com a pandemia de covid-19, foi necessária a imersão, por parte de pesquisadores, professores e educadores, nas possibilidades de uso dessas tecnologias. Isso aconteceu, em muitas situações, com base em pesquisas já desenvolvidas, que respaldaram os profissionais quanto à utilização de tecnologias digitais já experimentadas, já testadas anteriormente, para promover a aprendizagem no ambiente hostil em que a sociedade estava vivendo.

Como vemos, pesquisas na área educacional afetam os processos educacionais diretamente dentro das instituições de ensino, pois, conforme pontuam Elias, Zoppo e Gilz (2020, p. 32), "do ponto de vista histórico, pode-se perceber que diferentes paradigmas têm determinado a visão de mundo dos docentes e quanto cada um desses paradigmas influenciaram as áreas do conhecimento, suas concepções, tendências, abordagens".

Esses paradigmas advêm do contexto social, mas foram materializados por meio de pesquisas fundamentadas, muitas vezes, em questões sociais vivenciadas pelas sociedades ao longo dos anos. Por essa razão, as pesquisas que pretendem impactar a educação podem buscar identificar o que a sociedade necessita e compreender como atendê-la por meio da atuação docente, das escolas, de processos educativos que visem formar cidadãos conscientes e participativos nas sociedades em que estão inseridos.

3.2 Linhas de pesquisa no ensino de Física

Sabemos que a física estuda os fenômenos da natureza por meio de pesquisa de algumas áreas específicas, como astronomia, eletromagnetismo, física moderna, mecânica, ondulatórias, óptica e termodinâmica.

A divisão da área da física em diferentes subáreas para o desenvolvimento de pesquisas é feita para que exista uma efetiva possibilidade de aprofundamento nas subáreas estudadas e a compreensão destas. Vale lembrar que, para que alcance a resolução do problema previamente levantado, a pesquisa deve ter um tema bem delimitado; ao escolher uma dessas áreas, o pesquisador já estará delimitando, de certa maneira, o tema escolhido.

Por isso, antes de iniciarmos uma pesquisa na área de física, devemos buscar compreender suas subáreas e identificar qual delas mais se alinha a nossa perspectiva, porque, ao desenvolver uma investigação, é importante que compreendamos o campo no qual ela está inserida.

A seguir, faremos breves considerações sobre as pesquisas em cada uma dessas subáreas, com a indicação de algumas pesquisas. Todos os trabalhos aqui citados são apenas sugestões de textos e de pesquisas desenvolvidas, e existem muitas outras investigações já divulgadas em diferentes bases de dados. Basta uma breve busca para identificar outras pesquisas que possam auxiliar você a compreender um pouco mais sobre como desenvolver pesquisas na área escolhida.

3.2.1 Pesquisas sobre astronomia

O pesquisador que estuda sobre astronomia visa identificar questões relacionadas a fenômenos ou corpos astronômicos e desenvolve estudos sobre as galáxias, os planetas, o sistema solar, o universo, os satélites, entre outros. Se esse pesquisador quiser identificar situações relacionadas aos movimentos dos planetas, irá relacionar essa subárea à subárea da mecânica e precisará compreender cada uma delas para que sua pesquisa seja significativa.

Talvez seja difícil imaginar quem estuda ou pode estudar sobre astronomia. Para responder a essa dúvida, podemos citar um pesquisador brasileiro muito importante que investigava questões envolvendo astronomia: o Professor Germano Afonso, falecido em 2021. Ele deixou um grande legado ao Brasil, pois investigava, entre diferentes temas, a astronomia indígena! Para ele:

> Além da orientação geográfica, um dos principais objetivos práticos da astronomia indígena era sua utilização na agricultura. Os indígenas associavam as estações do ano e as fases da Lua com a biodiversidade local, para determinarem a época de plantio e da colheita, bem como a biodiversidade local, para determinarem

a época de plantio e da colheita, bem como para a melhoria da produção e o controle natural de pragas. Eles consideram que a melhor época para certas atividades, tais como a caça, o plantio e o corte de madeira, é perto da lua nova, pois perto da lua cheia os animais se tornam mais agitados devido ao aumento de luminosidade, por exemplo, a incidência dos percevejos que atacam a lavoura. (Afonso, 2009, p. 2)

Vemos, portanto, que o estudo de astronomia não se restringe apenas a situações vistas em filmes de Hollywood; ele também auxilia pessoas e comunidades nos processos que desenvolvem em seu cotidiano. O físico e professor Germano Afonso, ao tratar sobre a astronomia indígena, apresentou, de maneira simples, a forma como esses povos fazem suas escolhas até mesmo sobre plantações e cultivos dos alimentos que consomem na comunidade.

Outro pesquisador importante é Marcos Daniel Longhini, que desenvolveu uma investigação interessante com futuros professores de Física em uma universidade pública brasileira.

Em seu artigo "O universo representado em uma caixa: introdução ao estudo de astronomia na formação inicial de professores de Física" (Longhini, 2009), além de tratar sobre astronomia e a possibilidade de estudos com esse tema, Longhini defende que o professor deve buscar planejar o trabalho sobre astronomia para inserir esse conceito em sala de aula. Sua pesquisa mostrou-se relevante, especialmente pelas atividades que desenvolveu, pois, com base nelas, ele pôde verificar as limitações dos participantes em relação ao tema tratado e identificar "um passo na direção de ampliá-las ou modificá-las" (Longhini, 2009, p. 37).

Para quem deseja se aprofundar no tema, indicamos duas pesquisas sobre astronomia: "Entre considerações físicas e geométricas: um estudo sobre as hipóteses astronômicas na primeira parte da obra *Astronomia Nova*, de Johannes Kepler" (Menezes; Batista, 2022) e "Ensino da astronomia no Brasil: educação formal, informal, não formal e divulgação científica" (Langhi; Nardi, 2009).

3.2.2 Pesquisas sobre eletromagnetismo

Essa subárea divide-se em outras duas: eletricidade e magnetismo. Contudo, se quisermos estudar sobre qualquer uma delas, a pesquisa será inserida na subárea do eletromagnetismo. É possível investigarmos situações ligadas a cargas e a energias elétricas, fenômenos elétricos, fenômenos magnéticos e fenômenos eletromagnéticos.

Para conhecer um pouco mais sobre pesquisas na área de eletricidade, sugerimos os trabalhos "Geração e transmissão da energia elétrica: impacto sobre os povos indígenas no Brasil" (Koifman, 2001) e "Tecnologias de eletricidade limpa podem resolver a crise climática" (Chaves, 2021).

Indicamos também duas pesquisas sobre magnetismo: "Assim na Terra como no céu: a teoria do dínamo como uma ponte entre o geomagnetismo e o magnetismo estelar"(Nelson; Medeiros; 2012) e "*El potencial del magnetismo en la clasificación de suelos: una revisión*" (Bautista et al., 2014).

Nossa sugestão a respeito de eletromagnetismo são as pesquisas "Os fundamentos mecânicos do eletromagnetismo" (Dias; Morais, 2014) e "Sobre a indução do campo eletromagnético em referenciais inerciais mediante transformações de Galileu e Lorentz" (Ramos et al., 2017).

3.2.3 Pesquisas sobre física moderna

Ao desenvolver pesquisas relacionadas à subárea da física moderna, estudaremos teorias desenvolvidas após o início do século XX, como física quântica e física atômica. Algumas dessas teorias se contrapõem a pesquisas já desenvolvidas e estabelecidas por outras áreas, por isso devemos ter muito critério ao selecionar essa área para uma investigação, pois, provavelmente, teremos de estudá-la paralelamente a outra, ou outras, subárea(s) entre as citadas neste capítulo.

Indicamos duas pesquisas sobre física moderna que podem servir de base para quem deseja investigar esse tema relativamente novo: *Relatividades no ensino médio: o debate em sala de aula* (Karam; Cruz; Coimbra, 2007) e "Desenvolvimento de um kit experimental com Arduino para o ensino de Física Moderna no ensino médio" (Silveira; Girardi, 2017).

3.2.4 Pesquisas sobre mecânica

Pesquisadores que se dedicam a pesquisas na área de mecânica investigam o equilíbrio e o movimento dos corpos e delimitam suas investigações a temas diferentes, como aceleração, força e velocidade. Eles também buscam desenvolver pesquisas que contemplem os temas de energia mecânica, energia elástica e energia potencial gravitacional, fazendo a relação dessas energias com o movimento dos corpos.

Comumente, suas investigações se desenvolvem de maneira interdisciplinar, pois, ao estudar sobre o movimento ou o equilíbrio de corpos de um indivíduo, é possível associar a física ao estudo de determinados esportes.

Ao estudarmos sobre a energia mecânica relacionada aos processos de rotação e translação da Terra, poderemos associar nosso estudo ao de astronomia. Esses são apenas alguns exemplos, visto que o estudo da física de maneira interdisciplinar é uma prática comum entre pesquisas já divulgadas e publicadas na literatura.

Indicamos duas leituras sobre pesquisa em física mecânica: "Conservação do momento angular por videoanálise utilizando o brinquedo flat balls" (Pérez et al., 2020) e "Análise de uma corrida de 100 metros rasos" (Simoni, 2021).

3.2.5 Pesquisas sobre ondulatórias

Para estudarmos sobre as ondas e os fenômenos ondulatórios, dedicamo-nos a essa subárea para identificar como uma onda se forma, qual sua velocidade e sua propagação. Podemos estudar sobre ondas marítimas, ondas sonoras, ondas sísmicas e ondas relacionadas à luminosidade.

Sugerimos a leitura das pesquisas "Modelagem integral da propagação de ondas incidentes em meio variado lateralmente: uma exploração no domínio da frequência" (Jiménez; Muñoz-Cuartas; Alvendaño, 2018) e "Lâminas em alto-relevo para ensinar fenômenos ondulatórios e deficientes visuais" (Silva; Santos, 2018).

3.2.6 Pesquisas sobre óptica

Para nos dedicarmos ao estudo da óptica, devemos ter interesse em fenômenos luminosos e no estudo das luzes, bem como na formação de imagens desenvolvidas por meio de sistemas ópticos, como espelhos, globos oculares, lentes de contato, entre outros.

Nossas sugestões de leitura de pesquisas sobre óptica são: "Dificuldades e alternativas encontradas por licenciandos para o planejamento de atividades de ensino de óptica para alunos com deficiência visual" (Camargo; Nardi, 2007) e "Um microscópio caseiro simplificado" (Soga et al., 2017).

3.2.7 Pesquisas sobre termodinâmica

Se quisermos investigar ganho ou perda de calor, taxa de aumento ou de diminuição de determinada temperatura, desenvolveremos nossa pesquisa alicerçados nos conhecimentos da subárea de termodinâmica. Nossa investigação contemplará temas sobre energia térmica ou energia relacionada aos fenômenos térmicos. Também poderemos estudar gases e transformações gasosas.

Como leitura de pesquisas na área da termodinâmica, indicamos "A história da ciência no ensino da termodinâmica: um outro olhar sobre o ensino de Física" (Hülsendeger, 2007) e "Processos quase estáticos, reversibilidade e os limites da termodinâmica" (Dourado; Marchiori, 2019).

3.3 Tipos de abordagens e métodos nas pesquisas em ensino de Física

Ao fazer uma busca rápida no catálogo de teses e dissertações da Coordenação de Aperfeiçoamento de Pessoal de Nível Superior (Capes), inserindo o termo *ensino de Física*, entre aspas, na barra de busca, é possível encontrar um total de 4.365 resultados para textos de dissertações de mestrado. Ao analisarmos esses trabalhos, podemos identificar a maneira como pesquisas na área de ensino influenciam o contexto de sala de aula, porque, geralmente, os trabalhos de mestrado são desenvolvidos por profissionais que atuam em sala de aula e, comumente, buscam utilizar a possibilidade de realizar pesquisas em cursos de mestrado para aplicá-las com seus estudantes no contexto escolar.

Fazendo a seleção no *site* da Capes por trabalhos publicados mais recentemente, identificamos a dissertação de Silva (2020) – "Educação CTS e energia: uma análise das possibilidades e limites para o ensino de física no contexto da EJA" –, que aponta pontos positivos para os processos de ensino e de aprendizagem que se fizeram evidentes:

> Nossa análise em relação ao processo desenvolvido nos permitiu afirmar que houve o inter-relacionamento entre os conhecimentos científicos, tecnológicos e suas implicações na sociedade dado que, ao longo dos encontros buscamos inserir discussões de questões de relevância social. A proposta despertou interesse dos estudantes, de tal sorte que eles passaram a participar das aulas de maneira mais efetiva, expondo suas ideias e socializando o conhecimento oriundo de suas experiências de vida. Além desses aspectos mencionados, é importante pontuar que os conteúdos científicos também foram abordados de forma a aproximar o conteúdo da Física das experiências cotidianas dos estudantes. (Silva, 2020, p. 135)

Silva (2020) comenta que, por meio de sua pesquisa, houve um entrelaçamento entre os conhecimentos científicos e os conhecimentos tecnológicos e suas implicações no contexto social. Desse modo, a abordagem CTS (ciência, tecnologia e sociedade) foi contemplada e despertou o interesse por parte dos estudantes. Atualmente, como desejamos que o estudante seja o protagonista de sua aprendizagem e buscamos isso com base nas propostas da Base Nacional Comum Curricular (BNCC), o trabalho desenvolvido por Silva (2020) é relevante e um exemplo a ser seguido.

Outro exemplo é a pesquisa de Moreira (2019) – *Contribuições de uma sequência didática com experimentação para aprendizagem de eletrodinâmica: um estudo de caso com alunos do ensino médio*. Segundo ele, foi possível

> verificar avanços no interesse dos estudantes, os quais se mostraram receptivos às intervenções realizadas, tendo em vista que a maioria deles interagiu amplamente com os materiais didáticos e mostrou engajamento no estudo da Física. Logo, isto permitiu concluir que a estratégia de experimentação em uma sequência didática para motivar a atitude potencialmente significativa dos alunos foi considerada exitosa. (Moreira, 2019, p. 106)

Também destacamos o que afirma Evangelista (2019) em sua dissertação *A metodologia sala de aula invertida no ensino do efeito fotoelétrico*:

> O resultado da experiência com a aplicação da metodologia sala de aula invertida (SAI) no ensino do Efeito Fotoelétrico, para alunos do Ensino Médio, revelam positivos ganhos de aprendizagem e uma alternativa eficiente para professores da educação básica que queiram implementá-la em suas aulas de FMC [Física Moderna e Contemporânea]. (Evangelista, 2019, p. 91)

Em outras palavras, essas pesquisas permitiram identificar pontos positivos para os processos de ensino e de aprendizagem por meio de diferentes perspectivas, evidenciadas com suas publicações. Diante disso, afirmamos que investigações científicas que contemplem o ensino de Física têm, e merecem ter, um espaço grande no quesito desenvolvimento, uma vez que, se buscamos, na condição de ciência, influenciar a sociedade, essas pesquisas têm tido sucesso. Alguma delas, inclusive, apontam lacunas que ainda podem ser investigadas, conforme foi possível identificar na pesquisa de Evangelista (2019).

O fato é que a pesquisa no ensino da disciplina de Física pode auxiliar até mesmo o desenvolvimento da física como ciência porque, quando buscamos investigar como ensinar e como aprender física, estamos pesquisando processos físicos e a maneira como eles se desenvolvem.

Contudo, o pesquisador voltado para essa área deve compreender que seu foco não está necessariamente no desenvolvimento de processos físicos – e isso pode acontecer de maneira natural ao longo de sua investigação –, mas seu objetivo deve se voltar para questões que envolvam processos de ensino e de aprendizagem. Ele deve buscar desenvolver métodos que auxiliem os estudantes a compreenderem conteúdos abordados no ensino de Física de maneira mais satisfatória, portanto, deve analisar o currículo de Física e identificar a influência que a história dessa disciplina exerce nos processos de ensino e de aprendizagem atualmente. Deve compreender também as diferentes possibilidades do uso de novas tecnologias e de tecnologias digitais no desenvolvimento de experimentações, bem como saber que pesquisas nessa área podem influenciar todo um contexto social no qual os estudantes estão inseridos.

Para isso, além de conhecer conteúdos contemplados no componente curricular de Física, o pesquisador deve compreender teorias de aprendizagem e metodologias de ensino para estabelecer a relação entre elas e identificar quais são as que promovem uma interação mais coerente para o desenvolvimento em instituições de ensino.

3.3.1 O ensino de Física em sala de aula

Uma dos fatores relevantes do ensino de Física em escolas de educação básica é a possibilidade de apresentar aos estudantes a aplicabilidade de conceitos matemáticos, entre outros, no desenvolvimento e nas explicações de fenômenos com os quais nos deparamos em nosso cotidiano. Contudo, isso não é, e não pode ser, um fim para o ensino de Física, uma vez que vai muito além da compreensão e da aplicabilidade de fórmulas matemáticas. Ensinar e aprender física com esse intuito limita o potencial dessa área.

Ao estudar física de maneira intencional, buscando compreender sua relevância, o aluno tem a possibilidade de identificar como os fenômenos que o cercam acontecem, por que acontecem e quando acontecem. O fato é que, ao compreender esses diferentes fenômenos, buscamos entender a nós mesmos, nossa existência!

É possível, no entanto, identificar que o foco das aulas de Física em muitas instituições de ensino ainda hoje é levar os alunos a decorarem fórmulas e ferramentas para alcançarem boas notas em provas de vestibular, fugindo, assim, do ensino da Física propriamente dita.

Ao recordarmos como foi o ensino de Física enquanto cursávamos o ensino médio, lembraremos que raramente discutíamos com nossos professores e colegas sobre as ações e a vida dos grandes físicos e quais motivos os levaram a desenvolver diferentes teorias.

Apesar de a física ser trabalhada em sala de aula – muitas vezes, de maneira "mecânica" –, professores e alunos devem compreender que ela vai além da possibilidade de explicar fenômenos, pois influencia não apenas a evolução da sociedade, mas também diferentes áreas, como a filosofia, visto que a física e a filosofia sempre estiveram entrelaçadas, e a música, uma vez que a compreensão das ondas sonoras se dá por meio de conceitos abordados pela área da física, por exemplo.

Quando essa compreensão não ocorre com o trabalho em sala de aula, o ensino de Física pode parecer sem função e, algumas vezes, levanta questionamentos por parte dos estudantes como: Para que estudar física?

O ensino de Física pode transformar a mente dos estudantes, especialmente se considerarmos que esse ensino promove a ciência e o desenvolvimento de novos cientistas e reflexões sobre os fenômenos que nos cercam.

Por isso, levantamos aqui os seguintes questionamentos: Por que estudar a física somente focando em provas de vestibulares? Por que não permitir que a física seja trabalhada de maneira interdisciplinar, extrapolando a área da matemática? Por que não permitir que os alunos compreendam a história da física e dos físicos, bem como sua relevância para a história e para o desenvolvimento da sociedade?

Pesquisar sobre o ensino de Física não requer apenas que compreendamos os conteúdos contemplados por essa disciplina, mas também que nos importemos com os processos desenvolvidos em sala de aula e desejemos levar o ensino dessa disciplina para um propósito muito maior do que apenas preparar os alunos a resolverem problemas e obterem sucesso em provas de vestibulares.

O pesquisador envolvido com a área do ensino de Física deve promover discussões acerca das diferentes possibilidades do ensino e do trabalho com essa área, como debates relacionados a metodologias contemporâneas e à abordagem ciência, tecnologia e sociedade (CTS) e ciência, tecnologia, sociedade e ambiente (CTSA), por exemplo. Ele deve buscar convencer a sociedade de que a formação integral do cientista é importante para o seu próprio desenvolvimento.

Contudo, vale salientar que a formação desse cientista não é construída apenas em laboratórios preparados; ela se inicia na sala de aula, no contexto da educação básica.

3.4 Divulgação de pesquisas no ensino de Física

O número de periódicos que atualmente publicam pesquisas na área de ensino de Física é expressivo, mesmo considerando apenas os que têm em seu título a informação direta sobre a receptividade a publicações nessa área, como os indicados a seguir:

- *A Física na Escola* (impresso).
- *Caderno Brasileira de Ensino de Física.*
- *Educación Física y Ciencia.*
- *Revista Brasileira de Ensino de Física.*
- *Revista de Enseñanza de la Física.*
- *Física em Revista – Cadernos de Ensino do Colégio Pedro II.*
- *Revista do Professor de Física.*

Além desses periódicos, outros aceitam trabalhos de pesquisas que contemplam o ensino de Física atualmente. São periódicos voltados para o desenvolvimento educacional e para os processos de ensino e de aprendizagem como um todo, não apenas para publicações da área aqui abordada.

Em relação aos eventos brasileiros que tratam de pesquisas no ensino de Física atualmente, citamos, a seguir, alguns dos mais conhecidos:

- Congresso On-line Nacional de Ensino de Química, Física, Biologia e Matemática (Cone QFBM), que, em 2023, está na sua terceira edição.
- Encontro de Pesquisa em Ensino de Física (Epef), que, em 2022, promoveu a sua 19ª edição.
- Encontro sobre História e Filosofia no Ensino de Física do Sul do Brasil, cuja primeira edição ocorreu em 2021.

- Seminário de Estágio e Pesquisa em Ensino de Física (Sepef), que promoveu sua sexta edição em 2021.
- Simpósio Nacional de Ensino de Física, evento bienal promovido pela Sociedade Brasileira de Física (SBF), que promoverá sua 25ª edição em 2023.

Além desses, outros eventos são promovidos por diferentes instituições de educação superior, denominados *Semana Acadêmica*, além de palestras e *workshops* para divulgar pesquisas na área.

Como vemos, embora recente no contexto brasileiro, a pesquisa no ensino de Física tem efetivamente ganhado novos espaços. Em sua pesquisa, Sonia Salem (2012, p. 271) apresenta um dado interessante, no qual trata sobre o crescimento da produção de trabalhos na área de física ao longo dos últimos anos, por isso sua leitura vale a pena:

> No que tange ao crescimento da produção em números, pudemos verificar que, em valores absolutos, a produção de dissertações e teses passou de cerca de uma dezena de títulos nas décadas de 1970 e 1980 para duas a três dezenas na década de 1990, e para uma centena e meia no final da primeira década de 2000. Destaca-se, particularmente, a última década (2000-2009), que concentrou 70% de toda a produção nesse período de quase quarenta anos. E mais, que se tomamos apenas essa década, constatamos um aumento superior a 100% da primeira para a segunda metade (2000-2004 para 2005-2009).

Diante do que foi pontuado até aqui, levantamos a seguinte questão para refletirmos juntos: Será que as pesquisas voltadas para a área do ensino de Física, apesar de terem novos espaços para divulgação e apresentarem um volume mais expressivo, especialmente se comparado ao início de investigações nessa área, promovem alterações no contexto educacional brasileiro de maneira efetiva?

Falaremos um pouco sobre isso no próximo tópico.

3.5 Perspectivas da pesquisa no ensino de Física no Brasil e no mundo

De certa maneira, a pesquisa no ensino de Física no contexto brasileiro foi inspirada em iniciativas desenvolvidas no exterior, em estudos que tratavam sobre a maneira de ensinar Ciências. A primeira edição da revista *Science Education*, publicada em 1916, já influenciava, mesmo que superficialmente, essa área no Brasil.

Depois de aproximadamente 40 anos, o programa Physical Science Study Committee (PSSC)* influenciou os estudos em solo brasileiro, pois indicava que os currículos da área de ciências deveriam ter um foco maior na formação de cientistas.

---

* Projeto relacionado ao ensino de Física trazido para o Brasil no ano de 1962.

Para Nardi (2018), tanto a realização do Simpósio Nacional de Ensino de Física em 1970 e do Encontro de Pesquisa em Ensino de Física em 1985 como o reconhecimento pela Capes da área de ensino de Ciências e de Matemática foram relevantes para o desenvolvimento de pesquisas em ensino de Física. Para o professor e pesquisador Carlos Alberto do Santos (2020), o Instituto de Física da Universidade de São Paulo (USP), por meio da criação e do desenvolvimento de diferentes projetos, auxiliou de maneira efetiva o desenvolvimento de pesquisas no ensino de Física no Brasil. Em palestra ministrada pelo professor Carlos, publicada no canal *História da Ciência*, no Youtube, ele apresenta os projetos desenvolvidos inicialmente na USP e destaca um deles, o Projeto no Ensino de Física (PEF), que aconteceu no ano de 1971 e foi coordenado por Ernst Wolfgang Hamburger e Giorgio Moscati (Santos, 2020).

Como já afirmamos, desde o desenvolvimento dos projetos citados e da realização dos primeiros eventos na área de física no Brasil até os dias atuais, diferentes trabalhos já foram publicados. Salem (2012, p. 29), ao investigar o desenvolvimento dessas pesquisas, pontua:

> O crescimento da área de Pesquisa em Ensino de Ciência no Brasil pode ser constatado pela ampliação de sua produção nas últimas décadas, seja em número de trabalhos publicados, na criação de novos periódicos, no expressivo número de participantes e trabalhos apresentados em eventos ou na expansão de seus

próprios programas de pós-graduação. Do ponto de vista institucional, o reconhecimento pela CAPES da identidade dessas pesquisas constituindo uma área específica, reforça e ratifica esse movimento.

Como também já citamos, na década de 1970, pesquisas na área do ensino de Física eram desenvolvidas, principalmente, por meio de projetos. Atualmente, elas acontecem especialmente em programas de pós-graduação em ensino e em educação, em cursos de mestrado e de doutorado. Muitas vezes, o pesquisador envolvido com essa área também é um professor atuante na educação básica, por isso podemos concluir que essas pesquisas influenciam os processos de ensino e de aprendizagem, mesmo que de maneira pontual.

O fato é que pesquisar na área do ensino de Física tem muito mais relação com os processos de ensino e de aprendizagem do que com a física propriamente dita, e a influência dessas pesquisas no contexto de sala de aula só se dá se elas forem amplamente divulgadas. Por essa razão, é relevante indicar, aqui, que o pesquisador precisa, de fato, envolver-se com a comunicação das pesquisas que desenvolve.

Conhecer as diferentes revistas para submissão de artigos e a possibilidade de participação em eventos dessa área podem auxiliá-lo no desenvolvimento de suas investigações de maneira mais intencional. Por isso, ao longo do capítulo, além de tratar da relevância da pesquisa nos processos de ensino e de aprendizagem, apresentamos algumas opções de periódicos e de eventos nacionais voltados para o ensino de Física, para que o leitor, caso seja um pesquisador iniciante, saiba por onde começar.

Radiação residual

Ao longo deste capítulo, apontamos o que tem sido pesquisado e publicado, especialmente no Brasil, nas áreas de astronomia, eletromagnetismo, física moderna, mecânica, ondulatórias, óptica e termodinâmica.

Explicamos o que cada uma dessas subáreas estuda e apresentamos trabalhos já publicados como sugestão de leituras que contemplam esses temas. O objetivo dessas indicações é estimular o desenvolvimento de uma investigação mais aprofundada, já que os trabalhos sugeridos não esgotam os temas propostos, uma vez que existem mais pesquisas publicadas em diferentes bases de dados.

Para os pesquisadores envolvidos com a área educacional, é possível pesquisar sobre os processos de ensino e de aprendizagem de qualquer uma das subáreas aqui apresentadas. Inclusive, esse tipo de investigação pode auxiliar profissionais da educação, desde a educação básica até a educação superior, a avançarem em discussões que visam aprimorar o sistema educacional brasileiro, bem como as metodologias de ensino de Física utilizadas por diferentes professores no contexto de sala de aula.

Testes quânticos

1) Assinale a alternativa que indica a década das primeiras teses e dissertações relacionadas ao ensino de Física no Brasil:
   a) 1950.
   b) 1960.
   c) 1970.
   d) 1980.
   e) 1990.

2) Assinale a alternativa que indica a(s) área(s) investigada(s) por pesquisadores da física:
   a) Astronomia.
   b) Eletromagnetismo.
   c) Física moderna.
   d) Mecânica.
   e) Todas as alternativas anteriores estão corretas.

3) Alguns pesquisadores que fazem investigações relacionadas à área do ensino de Física utilizam em suas pesquisas a abordagem CTS ou CTSA. Assinale a alternativa que apresenta o significado dessas siglas:
   a) Ciência, tecnologia e sociedade; ciência, tecnologia, sociedade e associações.
   b) Ciência, trabalho e sociedade; ciência, trabalho, sociedade e associações.

c) Ciência, trabalho e sociedade; ciência, trabalho, sociedade e ambiente.

d) Ciência, tecnologia e sociedade; ciência, tecnologia, sociedade e ambiente.

e) Ciência, trabalho e sociedade; ciência, tecnologia, sociedade e associações.

4) Assinale a alternativa que indica o que mais é relevante ao pesquisador da área de ensino de Física, além de compreender os diferentes processos de desenvolvimento de uma pesquisa científica:

a) Ter conhecimento apenas da abordagem CTS/CTSA para utilizar na justificativa de suas investigações.

b) Ter conhecimento sobre os conteúdos pertinentes a essa área e importar-se com os processos desenvolvidos em sala de aula.

c) Importar-se apenas com os processos de ensino e de aprendizagem desenvolvidos em sala de aula.

d) Ter conhecimento sobre como divulgar sua pesquisa, independentemente das possibilidades de contribuição desta para os processos de ensino e de aprendizagem.

e) Saber sempre elaborar um projeto interdisciplinar entre a filosofia e a música, visando ampliar as possibilidades de conhecimento dessas três áreas.

5) Assinale a alternativa com o significado correto da sigla PSSC:
   a) Programa Social de Ciências Sociais.
   b) Physical Science Study Congress.
   c) Physical Science Study Committee.
   d) Programa Social de Sondagem e Ciências.
   e) Program Science Study Committee.

Interações teóricas

Computações quânticas

1) Nardi (2018) comenta que as primeiras teses e dissertações relacionadas ao ensino de Física no Brasil aconteceram no ano de 1970. Por que esse mesmo pesquisador comenta que o Simpósio Nacional de Ensino de Física, que também aconteceu em 1970, e o Encontro de Pesquisa em Ensino de Física, que aconteceu no ano de 1986, contribuíram para o desenvolvimento de investigações relacionadas a essa área? Ainda hoje eventos científicos são importantes para a divulgação e promoção de pesquisas no ensino de Física? Por quê? Elabore um texto escrito com sua resposta e justificativa.

2) A abordagem CTS/CTSA não deve ser a única conhecida por pesquisadores que desenvolvem investigações relacionadas ao ensino de Física, mas ela é uma abordagem relevante e de destaque nas pesquisas divulgadas no Brasil. Reflita sobre o motivo desse destaque e se é possível afirmar que essa é a abordagem mais relevante para essa área. Registre sua reflexão em um comentário escrito e compartilhe com seu grupo de estudo.

Relatório do experimento

1) Faça uma pesquisa sobre o programa Physical Science Study Committee (PSSC), identifique seu histórico e como ele contribuiu para o desenvolvimento de pesquisas na área de física e do ensino de Física. Depois busque informações sobre a continuidade desse projeto no país. Organize essas informações em um texto escrito e apresente a seu grupo de estudo.

Etapas da pesquisa no ensino de Física

4

Neste capítulo, apontaremos alguns tópicos que devem ser contemplados tanto na elaboração de um projeto quanto na construção do relatório de uma investigação. O objetivo é esclarecer cada passo de uma investigação e indicar como estão relacionados um ao outro.

Abordaremos, inicialmente, a escolha de um tema para o desenvolvimento da pesquisa e, em seguida, a maneira de delimitar um problema de pesquisa, pois este tem algumas especificidades que devem ser consideradas pelo pesquisador, seja ele iniciante ou não.

Veremos também como devemos elaborar os objetivos e a justificativa de uma investigação. Vale salientar que o tema, o problema, os objetivos e a justificativa devem estar muito bem alinhados, visto que, com base neles, o trabalho terá um suporte e apresentará critérios de cientificidade.

Por fim, trataremos de como deve ser construído o referencial teórico e os critérios para sua elaboração.

4.1 Projeto de pesquisa e escolha do tema

Antes de iniciar a escrita de um projeto de pesquisa, precisamos de inquietações que sejam pertinentes ao desenvolvimento de uma investigação científica. Devemos ter em mente que o projeto partirá de um problema de pesquisa, conforme já citado no Capítulo 1 deste livro.

O ideal é que, com base nas inquietações levantadas, façamos um breve trabalho de revisão para identificarmos o que já é tratado sobre o assunto que escolhemos pesquisar na literatura disponível e que possamos, por meio dessa revisão, delimitar o problema de pesquisa de maneira que o trabalho tenha maior foco. Isso já ficará evidente desde a escrita do projeto.

Nesse sentido, uma vez que realizemos um trabalho de revisão para elaborar nosso projeto, é possível fazer uma pesquisa de revisão e publicá-la.

Se nossa proposta tiver relação com a revisão sistemática, por exemplo, que é mais complexa e com procedimentos bem detalhados, a revisão que faremos, inicialmente, será básica, simples. Ela servirá como suporte para a escrita do projeto, de maneira que o leitor deste certifique-se de que dominamos a área que desejamos pesquisar e que sabemos buscar o assunto em diferentes fontes, tendo um ponto de partida mais sólido.

É preciso ficar claro que o projeto de pesquisa é uma proposta, um plano de investigação; portanto, esse texto deve ser escrito no tempo futuro, pois, como se trata de um projeto, a pesquisa ainda não aconteceu. Também é preciso ficar claro que o projeto, como proposta, tem flexibilidade, por isso pode ser alterado no momento de execução da investigação. Em alguns casos, a mudança do projeto deve acontecer até mesmo em seu texto; em outros, essa alteração será evidenciada apenas na escrita do relatório final.

Como já falamos anteriormente, se a investigação envolver a participação de seres humanos, para que seja desenvolvida, a aprovação do projeto por um comitê de ética é imprescindível. Somente poderemos iniciar nossa investigação se recebermos a aprovação formal desse comitê. Se a pesquisa sofrer alguma alteração, mesmo que já tenha iniciado, o projeto deve ser reescrito com indicação de alterações e submetido novamente ao comitê para apreciação das alterações que indicarmos.

A escrita do projeto de pesquisa precisa ter um caráter formal, não pode se basear em questões do senso comum, como já citado, e não deve ter plágio ou autoplágio.

Plágio* é a cópia de obra intelectual de terceiros, ou seja, transcrever um texto, trecho de um texto de outro autor como de autoria própria, sem fazer as referências corretas à fonte consultada. A citação de obras de terceiro que considerarmos pertinentes para o projeto podem ser feitas, desde que a fonte seja indicada e a citação não represente mais do que um pequeno trecho da obra original. Essa indicação deve acontecer logo

---

* A palavra *plágio* provém do termo em latim *plagium*, que significa *trapaceiro*. Nos últimos anos, o plágio tem se tornado uma prática comum, muito em razão das facilidades de cópia pela internet. Vale ressaltar, contudo, que a violação dos direitos autorais é crime previsto no art. 184 do Código Penal – Lei n. 10.406, de 10 de janeiro de 2002 (Brasil, 2002). A Lei n. 9.610, de 19 de fevereiro de 1998 – Lei do Direito Autoral –, esclarece as questões relativas à propriedade intelectual e as penalidades a que estão sujeitos aqueles que não respeitam os direitos autorais (Brasil, 1998).

após o trecho citado e também deve aparecer nas referências de seu projeto.

Nas referências do projeto, apenas devem ser indicados os autores de textos que tenham sido citados no momento de escrita do projeto. Os trabalhos que serviram de suporte, mas que apenas foram lidos, não devem ser indicados na lista de referências. Portanto, se considerarmos importante que determinada pesquisa apareça nesse item do projeto, devemos citá-la de forma direta ou indireta (referenciando-a no final) ao longo do texto.

A escrita do projeto pode ser feita em primeira pessoa (eu/nós) ou em terceira. Esse uso deve seguir as indicações da instituição a qual o projeto será submetido. A diferença entre um projeto em primeira ou em terceira pessoa está na impessoalidade. O uso da primeira pessoa do singular marca certa subjetividade, já o uso da primeira pessoa do plural ou da terceira pessoa do singular imprime mais impessoalidade ao projeto.

Alguns pesquisadores afirmam que a escrita em primeira pessoa em um projeto de pesquisa deve ser evitada; contudo, existem outros pesquisadores que aceitam esse uso, razão por que investigar quem será o leitor de seu projeto é essencial.

O projeto de pesquisa, na condição de proposta, pode ter o mesmo valor de uma prova em processos seletivos para o ingresso em programas de mestrado e de doutorado, por exemplo. Por esse motivo, a leitura e a compreensão da teoria que indicamos no projeto é fundamental, especialmente se houver uma entrevista posteriormente como parte da seleção. Devemos lembrar que o projeto dará direção à investigação, por isso devemos ter segurança na proposta desenvolvida no momento da escrita deste.

Essa segurança será conquistada por meio de um planejamento. Sim, o projeto é o planejamento de uma pesquisa! Para esse planejamento, precisamos saber o que vamos investigar, os passos que possivelmente percorreremos durante a investigação, os instrumentos que utilizaremos e o tempo necessário para que ela ocorra. Todavia, é necessário que estejamos cientes de que o projeto, caso seja para o ingresso em um programa de pós-graduação, na verdade, é um pré-projeto e poderá ser alterado após algum período. Sendo assim, além da necessidade de planejamento, também precisamos ter uma atitude flexível.

Existem alguns itens comuns ao projeto e ao relatório de pesquisa que serão apresentados na sequência deste capítulo. Aqui, continuaremos tratando do que é específico do projeto de pesquisa, como a organização e a apresentação do cronograma.

Como já citado, no projeto, indicaremos o planejamento da investigação, portanto, precisamos de um cronograma. A apresentação do cronograma não é exigência, mas é fundamental para a organização do pesquisador. No Quadro 4.1, indicamos o modelo de um cronograma que poderá fazer parte de um projeto ou apenas ser utilizado para organizar uma investigação.

Quadro 4.1 – Exemplo de cronograma de pesquisa

Atividade	Mês											
	J	F	M	A	M	J	J	A	S	O	N	D
Revisão bibliográfica	X	X										
Identificação de como o assunto selecionado é tratado na literatura já divulgada				X								
Análise e readequação do problema a ser investigado, bem como dos objetivos colocados, caso seja necessário					X							
Coleta de dados					X	X						
Pré-análise dos dados coletados							X					
Elaboração de categorias para análise dos dados com base no referencial teórico escolhido								X				
Análise final dos dados								X	X			
Escrita do relatório da pesquisa											X	X

Dependendo da pesquisa que será desenvolvida, precisaremos verificar a necessidade de financiamento para o desenvolvimento da investigação. Existem algumas agências que financiam pesquisas, e esse financiamento é analisado e aprovado com base no projeto apresentado. Caso seja necessário, na escrita do projeto, é preciso que justifiquemos de maneira clara o motivo da solicitação desse financiamento.

Na escrita do projeto também é necessário que estejam inclusos os seguintes itens:

1. **Tema da investigação**: O tema da investigação é diferente do título do projeto. O tema é referente ao assunto que se quer pesquisar.
2. **Resumo**: Síntese do projeto de pesquisa que será desenvolvido; não se trata do tema central da investigação.
3. **Problematização**: É comum inserir esse item na introdução, mas ele pode ser apresentado de maneira isolada, a depender das indicações da instituição a que submeteremos o projeto. A problematização é apresentada no texto com base em um problema de pesquisa, o qual é tratado na sequência do texto.
4. **Objetivo geral**: Esse item também pode aparecer na introdução ou de maneira isolada.
5. **Objetivos específicos**: Pode aparecer na introdução ou de maneira isolada.
6. **Justificativa**: Nesse item justificamos a pesquisa e já podemos indicar e justificar a necessidade de

financiamento, caso seja necessário para o desenvolvimento da investigação.

7. **Referencial teórico**: Nesse item são indicadas as principais referências que serão utilizadas para dar início à investigação.
8. **Metodologia**: Nesse item, de maneira detalhada, são indicados os passos que serão percorridos para o desenvolvimento da investigação e o tipo da pesquisa. O tipo de pesquisa pode ser indicado por meio da abordagem, da natureza, do objetivo, do processo ou de todos os itens de maneira simultânea.
9. **Resultados esperados**: Nesse item são apontados os resultados que esperamos atingir ao final da investigação.
10. **Referências bibliográficas**: Nesse item listamos as referências que foram citadas ao longo do texto do projeto.

Os itens 2, 3, 4, 5, 6, 7, 8 e 10 também devem estar presentes no relatório da pesquisa, por isso, na sequência deste livro, alguns deles serão apresentados de maneira mais detalhada. Contudo, primeiramente, vamos compreender o que é um relatório de pesquisa[*].

É certo que existem alguns critérios para a escrita do texto, mas ela dependerá da orientação, da sugestão e

---

[*] Salientamos que os itens que não forem tratados de maneira detalhada na sequência deste capítulo já foram tratados anteriormente, como a metodologia, que foi abordada no Capítulo 2.

da regra do local ao qual submeteremos o texto. Alguns exigem que o projeto seja redigido com base nas normas da Associação Brasileira de Normas Técnicas (ABNT); outros, nas normas da American Psychological Association (APA); outros, ainda, de Vancouver, da Modern Language Association (MLA). Outros se baseiam em algumas dessas normas, mas fazem pequenas alterações em relação à fonte ou outro critério mais específico, como a exclusão de capa, folha de rosto e sumário.

Por isso, é preciso atentar ao que nos é solicitado e exigido no momento de escrita e submissão de um projeto de pesquisa.

Independentemente da norma para a escrita do texto, devemos elaborar o projeto sem receio, considerando os critérios de 1 a 10, apresentados anteriormente, e submetê-lo à avaliação, caso percebamos que o tema que selecionamos para a investigação é efetivamente pertinente.

4.2 Problema de pesquisa

Por meio da posição de observador, passamos a questionar os fenômenos com os quais nos deparamos. Nesse processo de observação, somos levados a constantes reflexões e, em determinado momento, identificamos um problema que merece ser investigado com base em critérios bem estabelecidos.

O problema levantado precisa ser relevante e deve ter relação estreita com o fenômeno que está sendo observado. Portanto, devemos defini-lo com base em vários momentos de nossa observação e de nossa reflexão. É interessante que o problema seja gerado considerando-se a possibilidade de intervenção ou de explicação que sua resposta trará para o fenômeno investigado.

Em outras palavras, o problema não pode ter uma resposta direta. Por exemplo: É possível a um pesquisador iniciante desenvolver uma investigação científica de qualidade? A possibilidade de resposta para essa pergunta é ou *sim* ou *não*. Com isso, a investigação fica limitada e o fenômeno "desenvolvimento de investigação científica" já tem um direcionamento, mesmo que de maneira indireta.

A pergunta deve abrir possibilidades ao investigador, como levantamento de hipóteses, extração de diferentes tipos de dados, análise dos dados levantados, sistematização criteriosa da investigação e comunicação.

Como exemplo, o seguinte problema poderia ser estruturado por um investigador: Como professores da educação básica, que atuam ministrando a disciplina de Física, podem auxiliar seus estudantes a se desenvolverem como pesquisadores?

Esse problema deve ser apresentado à comunidade científica por meio de uma pergunta, como vimos no exemplo. A elaboração dessa pergunta, quando clara, pode gerar a compreensão de que a pesquisa foi realizada com base em critérios bem específicos, os quais merecem efetiva atenção.

O grupo de iniciação científica dos cursos de licenciatura da área de exatas do Centro Universitário Internacional Uninter elaborou um material no qual é indicado o que um problema de pesquisa, que também pode ser denominado *questão norteadora*, deve contemplar, como ilustrado na imagem a seguir.

Figura 4.1 – Questão norteadora ou problema de pesquisa

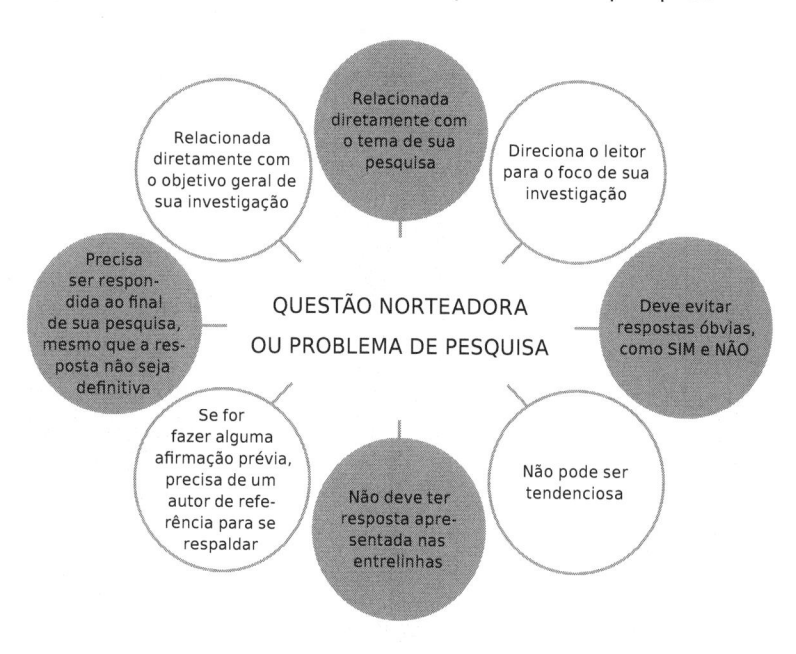

- Relacionada diretamente com o objetivo geral de sua investigação
- Relacionada diretamente com o tema de sua pesquisa
- Direciona o leitor para o foco de sua investigação
- Precisa ser respondida ao final de sua pesquisa, mesmo que a resposta não seja definitiva
- Deve evitar respostas óbvias, como SIM e NÃO
- Se for fazer alguma afirmação prévia, precisa de um autor de referência para se respaldar
- Não deve ter resposta apresentada nas entrelinhas
- Não pode ser tendenciosa

QUESTÃO NORTEADORA OU PROBLEMA DE PESQUISA

Entre os oito itens ilustrados na Figura 4.1, destacamos o que aponta que o problema "precisa ser respondido ao final de sua pesquisa, mesmo que a resposta não seja definitiva". Ou seja, precisamos focar na investigação visando, inicialmente, responder o problema proposto, porém essa resposta pode dar abertura para outros questionamentos, não tendo fim em si mesma.

Além desse aspecto, ela pode ser diferente daquela levantada na hipótese, ou hipóteses, apresentada no início da investigação. Por esse motivo, vale ressaltar que precisamos ter a mente aberta e, embora focados, devemos conduzir a pesquisa com base nos dados que coletarmos e na análise desses dados durante o processo de investigação.

4.3 Elaboração dos objetivos

Comumente, a problematização e os objetivos de uma investigação são apresentados na introdução de um trabalho; no entanto, os objetivos devem ser colocados em evidência no texto.

Há dois tipos de objetivos a serem apresentados em um trabalho científico: 1) o objetivo geral e 2) os objetivos específicos. Geralmente, em uma investigação, apenas um objetivo geral é apresentado, que deve ser escrito de maneira clara e estar estreitamente alinhado com o problema de pesquisa. Com base nele, o leitor de um relatório identificará a contribuição dessa pesquisa para o desenvolvimento científico.

Após o objetivo geral, devemos apresentar os objetivos específicos, que deverão nos auxiliar a responder o problema de pesquisa e a alcançar o objetivo geral. Tanto a frase que contempla o objetivo geral quanto a frase, ou frases, que contempla(m) os objetivos específicos deve(m) ser iniciada(s) com um verbo no infinitivo, como: *compreender, analisar, investigar, identificar, estabelecer, avaliar, inferir* etc.

Vale salientar que os objetivos específicos funcionam como pequenos degraus em uma pesquisa, de maneira que o pesquisador deve percorrer cada um deles para alcançar o objetivo geral ao final de sua investigação.

Figura 4.2 – Relação entre objetivo geral e objetivo específico

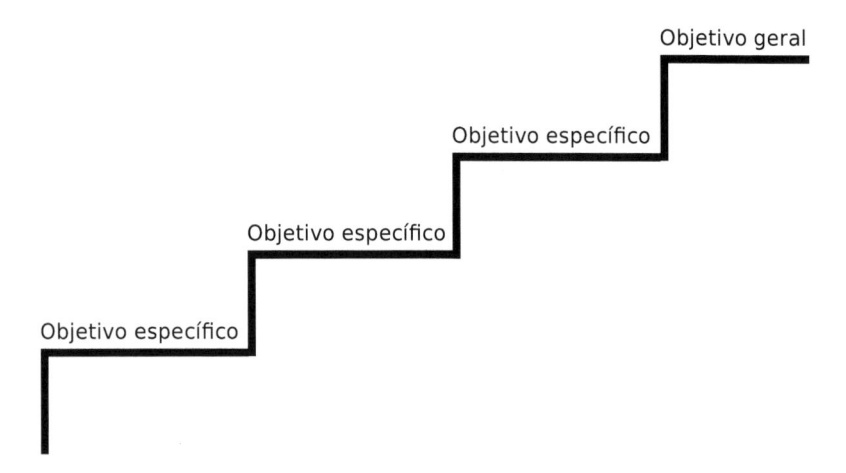

```
                                            Objetivo geral
                           Objetivo específico
         Objetivo específico
Objetivo específico
```

Não há um número mínimo nem máximo de objetivos específicos em uma investigação, mas a sugestão é que sejam elaborados, no mínimo, três e, no máximo, cinco objetivos específicos em uma pesquisa. Eles apresentam etapas do desenvolvimento metodológico de uma investigação, por isso, ao longo do caminho, devemos avaliar se os objetivos específicos indicados inicialmente devem ser mantidos, alterados ou substituídos para que representem, de fato, o que desenvolveremos no processo de pesquisa.

Como já explicamos, devemos usar os verbos no modo infinitivo para indicarmos tanto o objetivo geral quanto os objetivos específicos, pois estamos desenvolvendo uma ação que não está determinada no tempo. São exemplos de verbos no infinitivo: *analisar, aplicar, avaliar, investigar, compreender, comparar, construir, demonstrar, identificar, interpretar, investigar, propor* etc.

Embora os verbos citados sejam apenas exemplos e seu uso não seja obrigatório, eles são os mais comuns, em razão das características de uma investigação científica. Mesmo assim, o tema da investigação e o problema de pesquisa levantado determinarão essas ações e, portanto, os verbos que as expressam.

4.4 Justificativa

Além da problematização bem estruturada e de objetivos claros, uma boa pesquisa deve ter uma justificativa plausível, visto que é preciso apresentar, para o leitor, as razões que explicam a necessidade do desenvolvimento da pesquisa que estamos propondo. O leitor precisa compreender a relevância teórica, bem como a relevância prática da investigação que está sendo proposta.

Para tanto, inicialmente, podemos fazer um trabalho de revisão de literatura, mapeando o que já tem sido pesquisado e publicado sobre determinado tema. Com base nesse mapeamento, propomos uma investigação alinhada ao que já tem sido pesquisado, porém diferente do que já tem sido produzido.

É certo que, se estivermos cursando o doutorado, devemos, obrigatoriamente, desenvolver uma tese inédita. Nesse caso, os processos de revisão e de mapeamento devem ser mais elaborados e o caminho diferente do já apresentado por outros pesquisadores que já têm desenvolvido pesquisas sobre o tema escolhido.

Na justificativa, precisamos apresentar a viabilidade de uma investigação, uma vez que não basta apenas escrever um bom problema, traçar objetivos bem claros e buscar na literatura o que já tem sido investigado. Se a pesquisa proposta não for viável, ela não se justifica; logo, não deve ser realizada.

4.5 Referencial teórico

O referencial teórico de uma pesquisa é o espaço no qual indicaremos a teoria que servirá de base para o seu desenvolvimento. Nesse espaço, podemos inserir informações extraídas de uma revisão bibliográfica, mesmo que nosso trabalho não seja exclusivamente de revisão.

A intenção do referencial teórico é apresentar uma compreensão sobre o tema escolhido para o desenvolvimento da pesquisa. Para construi-lo, devemos escolher uma teoria bem fundamentada para a investigação e cuidar para não inserirmos citações de pesquisadores que discordem do tema investigado, a não ser que nossa intenção seja a de fazer um contraponto entre teorias, mas isso precisa ficar bem claro no momento da escrita.

Nesse espaço, devemos evitar indicar nossas impressões e julgamentos, isto é, devemos trazer à luz o que já tem sido pesquisado e divulgado sobre o tema, por isso as informações de uma revisão podem ser inseridas, conforme citado anteriormente.

As revisões para a composição do referencial podem ser feitas por meio de diferentes materiais, como livros, artigos, teses, dissertações, vídeos, textos de lei ou outros que se relacionem de maneira direta com a pesquisa.

É importante compreendermos que, com base no referencial teórico, é possível gerar categorias de análise para, posteriormente, utilizá-las no processo de análise dos dados coletados. Por essa razão, devemos estar bem alinhados ao tema da pesquisa! Contudo, é possível não gerar categorias com base no referencial teórico para análise, caso em que essa parte da pesquisa será apenas para consulta sobre o tema escolhido, e não a base para o desenvolvimento da investigação.

No trabalho desenvolvido, o referencial teórico não terá, necessariamente, o título *referencial teórico*, mas pode estar alinhado àquilo que queremos explanar, e isso deve ser verificado no momento da submissão da pesquisa. Caso estejamos trabalhando com metodologias contemporâneas para o ensino de Física, por exemplo, o título de nosso referencial teórico poderia ser

Metodologias contemporâneas para o ensino de Física, no qual abordaríamos o assunto indicado nesse título.

É fundamental tomarmos cuidado para que o capítulo de referencial teórico não se torne uma colcha de retalhos, por isso é preciso organizar a maneira como ele será desenvolvido. As ideias apresentadas nesse capítulo podem aparecer como subtemas do tema escolhido e de maneira temporal ou cronológica, por meio de categorias de análise da revisão desenvolvida. Essa apresentação será a critério do pesquisador.

Geralmente, no referencial teórico existe um volume expressivo de citações, tanto diretas quanto indiretas. Ao escrevermos esse item no relatório, precisamos cuidar para sempre dar crédito aos autores citados nesse tópico. Para isso, é preciso ter cuidado com a forma correta de fazer as citações e de apresentar os dados das publicações originais de onde as extraímos. Existem normas de apresentação das citações e das referências para diferentes áreas, mas, na área da educação, no Brasil, as normas seguidas são as da Associação Brasileiras de Normas e Técnicas (ABNT).

Por fim, é válido salientar que todos os documentos citados no referencial teórico devem ser apresentados nas referências bibliográficas ao final do texto. Fique atento a isso.

Radiação residual

Neste capítulo, tratamos sobre algumas etapas para o desenvolvimento de uma pesquisa no ensino de Física. O leitor pôde perceber que essas etapas são comuns a pesquisas relacionadas a outras áreas do conhecimento e, por isso, pode utilizá-las caso deseje fazer uma investigação em outra área que não aquela que é o foco deste livro.

Falamos sobre a elaboração do projeto da pesquisa e explicamos que ele funciona como o planejamento de uma investigação, antecedendo a pesquisa como um todo e funcionando como uma proposta, que pode ou não ter sequência. Na elaboração do projeto da pesquisa, o pesquisador pode avaliar se o que está propondo é relevante e significativo e fazer ajustes, caso sinta necessidade.

Além do projeto, tratamos da elaboração do problema da pesquisa e dos objetivos, que, além de estarem alinhados com o tema, devem estar alinhados um com o outro. O problema da pesquisa indica, mesmo que de maneira indireta, qual é a resposta que o pesquisador vai buscar durante seu processo de investigação, enquanto os objetivos indicam os pequenos passos que ele deve percorrer visando responder à pergunta levantada.

A elaboração da justificativa também teve destaque neste capítulo. O pesquisador pode escrever um bom texto e elaborar a pergunta e os objetivos de maneira coerente com o tema, mas, se não conseguir justificar sua proposta nem apresentar a relevância de sua investigação, certamente não terá sucesso no momento de sua divulgação. A justificativa, quando bem elaborada, apresenta ao leitor até mesmo a necessidade de desenvolvimento da investigação que o pesquisador está apresentando, e o leitor poderá, com base nela, se interessar de maneira mais integral pelo texto e pelo processo como um todo.

Por fim, mostramos como o pesquisador deve estruturar seu referencial teórico, espaço em que deverá tratar sobre a temática escolhida. Nele, o pesquisador poderá desenvolver a temática com base em revisões bibliográficas e gerar categorias de análise que serão utilizadas futuramente no processo de análises dos dados coletados.

Nele, o pesquisador poderá desenvolver a temática com base em revisões bibliográficas e gerar categorias de análise que serão utilizadas futuramente no processo de análises dos dados coletados.

Testes quânticos

1) Assinale a alternativa que apresenta a definição correta de projeto de pesquisa:
    a) É uma proposta, um plano de investigação.
    b) É o resumo de uma pesquisa.
    c) É o trabalho final do desenvolvimento de uma investigação.

d) É a introdução da pesquisa que está sendo desenvolvida.
e) É a problematização da pesquisa.

2) Assinale a alternativa correta sobre o que deve ser considerado pelo pesquisador antes da elaboração de um problema de pesquisa:
   a) Que o problema não pode ter resposta *sim* ou *não*.
   b) Que o problema não pode ser tendencioso.
   c) Que o problema deve estar alinhado ao tema da pesquisa.
   d) Que o problema deve estar alinhado ao objetivo da pesquisa.
   e) Todas as alternativas anteriores estão corretas.

3) Tanto a problematização quanto os objetivos de uma investigação são apresentados de maneira detalhada no mesmo item do trabalho. Assinale a alternativa que indica corretamente qual é esse item:
   a) Resumo.
   b) Introdução.
   c) Referencial teórico.
   d) Metodologia.
   e) Resultados.

4) Assinale a alternativa correta quanto à importância dos trabalhos de revisão para a justificativa de uma pesquisa:
   a) Com base em trabalhos de revisão, o pesquisador conseguirá compreender como é o passo a passo de uma pesquisa e poderá justificar o desenvolvimento da sua investigação.
   b) Com base em trabalhos de revisão, o pesquisador pode mapear o que já tem sido publicado sobre um tema para, apoiado nessas publicações mapeadas, propor uma nova investigação.
   c) Com base em trabalhos de revisão, o pesquisador tem a possibilidade de acessar diferentes bases de dados e poderá escolher textos que são comuns a essas bases para escrever o seu próprio referencial teórico.
   d) Com base em trabalhos de revisão, o pesquisador terá a possibilidade de fazer fichamentos e desenvolver o seu referencial teórico, visto que é este que justifica uma pesquisa.
   e) Com base em trabalhos de revisão, o pesquisador pode mapear algumas publicações relacionadas ao tema que escolheu e, apoiado nesse mapeamento, escrever a quantidade de trabalhos já publicados, verificando se mais um pode ser desenvolvido.

5) Assinale a alternativa que indica em qual item os documentos citados no referencial teórico de uma investigação devem estar listados:
a) Metodologia.
b) Justificativa teórica.
c) Discussão dos dados.
d) Apresentação dos resultados.
e) Referências bibliográficas.

Interações teóricas

Computações quânticas

1) O objetivo geral de uma investigação pode ser "dividido" em pequenas partes denominadas *objetivos específicos*, que funcionam como pequenos degraus que o pesquisador percorre visando atingir o "topo de uma escada", que é o local do objetivo geral. Sabendo disso, como é possível que o pesquisador faça a relação entre o objetivo geral e os objetivos específicos sem que estes fiquem repetitivos, de maneira que cada um tenha um propósito único, mas, ao mesmo tempo, alinhado aos demais?

2) O trabalho de revisão de determinado tema de uma pesquisa auxilia o pesquisador a identificar lacunas sobre esse tema. Estas podem justificar a pesquisa que ele está desenvolvendo. Contudo, trabalhos de revisão nem sempre são considerados no momento da justificativa de uma investigação, mas utilizados no

contexto de referencial teórico. Por que isso acontece? Será que é possível afirmar que alguns pesquisadores desconhecem o verdadeiro potencial de pesquisas de revisão?

Relatório do experimento

1) Na atividade prática do Capítulo 2, sugerimos que fosse escolhida uma temática para uma investigação. Considerando que o projeto de pesquisa é uma proposta de pesquisa e, portanto, deve auxiliar o pesquisador no planejamento de sua investigação, elabore um projeto a partir da temática escolhida. Seu projeto deve contemplar: tema da investigação; resumo; problematização; objetivo geral; objetivos específicos; justificativa; referencial teórico; metodologia; resultados esperados e referências bibliográficas. Depois de concluído, apresente seu projeto para seu grupo de estudo a fim de que sejam feitas considerações sobre ele.

Produção e análise de dados na pesquisa no ensino de Física

5

Ao desenvolvermos uma investigação, produzimos diferentes tipos de dados, com base em critérios específicos, de acordo com a abordagem escolhida, o método, os objetivos, a metodologia, entre outros fatores. Além da maneira de produzi-los, a forma de analisá-los demonstrará o rigor e a cientificidade da pesquisa apresentada.

Por essa razão, neste capítulo, abordaremos o modo como ocorre a produção, ou coleta, de dados de uma investigação e como devemos descrevê-los a fim de que o leitor do relatório compreenda os passos percorridos por nós para responder ao problema que levantamos no momento da elaboração do projeto de pesquisa.

A análise e a discussão dos dados para validação dos passos percorridos também serão temas deste capítulo, bem como a construção do resumo e das considerações finais da pesquisa.

5.1 Coleta de dados

A coleta de dados para uma investigação merece destaque neste capítulo, pois precisa ter critérios bem estabelecidos para que a investigação seja identificada como científica. Ela antecede diferentes passos da investigação e, se feita de maneira incorreta, pode comprometer todo o processo desenvolvido pelo pesquisador.

Antes de coletar os dados, devemos reconhecer o modelo de investigação que estamos nos propondo a desenvolver. Por exemplo, se estamos fazendo uma investigação quantitativa ou qualitativa, os instrumentos devem ter relação com o que o tipo de abordagem escolhida propõe, conforme pontuam Baptista e Cunha (2007, p. 177):

> Os métodos utilizados na coleta de dados em estudo de usuários estão relacionados com tipo de abordagem qualitativa ou quantitativa. Sendo assim, os questionários são utilizados em estudos quantitativos (que podem ter questões abertas que coletem dados qualitativos) e entrevistas e observações em estudos qualitativos.

Em outras palavras, utilizar instrumentos que não proporcionem uma coleta de dados eficaz – que tenha por objetivo responder ao problema proposto anteriormente na pesquisa – só nos fará perder tempo no desenvolvimento da investigação. É válido ressaltar que todos os passos da pesquisa precisam estar alinhados e relacionados uns com os outros, bem como ser avaliados previamente pelo pesquisador.

Moresi (2003, p. 9) explica que, na pesquisa qualitativa, "o ambiente natural é a fonte direta para coleta de dados e o pesquisador é o instrumento-chave. É descritiva. Os pesquisadores tentem a analisar seus dados indutivamente".

Na pesquisa quantitativa, a coleta de dados tem uma relação mais direta com a possibilidade de tratamento desses dados por meio de critérios estatísticos, por isso são dados mais "fechados", mais quantificáveis.

Além do questionário, existem outros tipos de instrumentos para coleta de dados na pesquisa qualitativa, os quais devem considerar o tema da pesquisa, o problema e os objetivos, como a observação, a entrevista e o grupo focal.

A observação é feita pelo estudo das atividades que compõem uma pesquisa ou das ações de pessoas (sujeitos de determinada investigação). Ela pode acontecer em diferentes etapas de uma pesquisa, mas, geralmente, é mais evidenciada na fase de coleta de dados. Segundo Gil (2008, p. 100), "a observação apresenta, como principal vantagem, em relação a outras técnicas, a de que os fatos são percebidos diretamente, sem qualquer intermediação".

Gil (2008, p. 101) também aponta as desvantagens do instrumento de observação na coleta de dados de uma investigação:

> O principal inconveniente da observação está em que a presença do pesquisador pode provocar alterações no comportamento dos observados, destruindo a espontaneidade dos mesmos e produzindo resultados pouco confiáveis. As pessoas, de modo geral, ao se sentirem observadas, tendem a ocultar seu comportamento, pois temem ameaças à sua privacidade.

Cabe ao pesquisador identificar se o instrumento de observação é importante para a coleta de dados de sua pesquisa e decidir o formato dessa observação, ou seja, ele pode decidir entre fazer uma observação simples, uma observação participante ou uma observação sistemática.

As entrevistas podem ser abertas ou fechadas e, comumente, são utilizadas em pesquisas qualitativas. Para aplicá-la, o pesquisador se coloca na posição de entrevistador e deixa que o participante se posicione sobre determinado assunto, tema da investigação.

No caso das entrevistas abertas, o entrevistador apresenta o tema ao entrevistado e este fala de maneira livre sobre aquele, sem interrupções frequentes. O entrevistador somente interrompe o entrevistado se perceber que ele está "fugindo" da temática da investigação.

A entrevista fechada pode ser semiestruturada ou estruturada. No caso da entrevista semiestruturada, o pesquisador elabora uma pauta e conduz o entrevistado no momento de sua fala com base nessa pauta, mas, também nesse caso, faz poucas intervenções no momento de fala do entrevistado.

Gil (2008, p. 112) denomina esse formato de entrevista como *entrevista por pautas* e afirma que, "à medida que o pesquisador conduza com habilidade a entrevista por pautas e seja dotado de boa memória, poderá, após seu término, reconstruí-la de forma mais estruturada, tornando possível a sua análise objetiva".

A entrevista estruturada é menos flexível em relação às entrevistas semiestruturada e aberta. Para utilizá-la, o pesquisador elabora questões fixas e em determinada ordem, que será seguida rigorosamente e apresentada ao entrevistado. Essa é uma entrevista que pode ser utilizada na pesquisa quantitativa por permitir a quantificação de dados coletados com base nas respostas às perguntas, elaboradas com esse fim pelo entrevistador/pesquisador.

Gil (2008, p. 113) destaca alguns pontos positivos desse tipo de entrevista:

> Entre as principais vantagens das entrevistas estruturadas estão a sua rapidez e o fato de não exigirem exaustiva preparação dos pesquisadores, o que implica custos relativamente baixos. Outra vantagem é possibilitar a análise estatística dos dados, já que as respostas obtidas são padronizadas. Em contrapartida, estas entrevistas não possibilitam a análise dos fatos com maior profundidade, posto que as informações são obtidas a partir de uma lista prefixada de perguntas.

O pesquisador deve decidir se as entrevistas serão feitas individualmente, com um entrevistado por vez, ou em grupo. Existe, no entanto, um instrumento denominado *grupo focal*, que não deve ser confundido com a pesquisa em grupo. O grupo focal apresenta algumas especificidades não contempladas nas entrevistas.

A intenção do grupo focal é identificar consensos e contrassensos sobre o tema da investigação. Nesse grupo, os participantes têm grande interação, especialmente em relação a determinado tema ou características pessoais, pois o pesquisador deve buscar a participação de pessoas com perfil próximo àquilo que deseja investigar.

Nesse grupo, os participantes podem dialogar e debater sobre um tema específico, visto que há um ou mais mediadores que levantam estímulos para a discussão e fazem a mediação dos participantes nos momentos de diálogo. No momento desses encontros, é importante a gravação, a filmagem ou a observação das discussões do grupo, por isso a participação de, pelo menos, dois mediadores é imprescindível.

Segundo Ressel et al. (2008, p. 780), a técnica de grupo focal

> facilita a formação de ideias novas e originais. Gera possibilidades contextualizadas pelo próprio grupo de estudo. Oportuniza a interpretação de crenças, valores, conceitos, conflitos, confrontos e pontos de vista. E ainda possibilita entender o estreitamento em relação ao tema, no cotidiano. Cabe enfatizar que o GF permite ao pesquisador não só examinar as diferentes análises das pessoas em relação a um tema. Ele também proporciona explorar como os fatos são articulados, censurados, confrontados e alterados por meio da interação grupal e, ainda, como isto se relaciona à comunicação de pares e às normas grupais.

Existem outros instrumentos para a coleta de dados em uma pesquisa qualitativa além dos citados, tais como: instrumento de evocação de palavras, diário de bordo, gravação de vídeos, gravação de voz etc. Seja qual for o instrumento utilizado, precisamos escolher aquele, ou aqueles, que nos auxilie(m) de maneira efetiva na coleta de dados relevantes para o desenvolvimento da pesquisa. Portanto, é essencial refletir sobre a posterior análise dos dados já no levantamento da questão norteadora.

5.2 Descrição de dados

No item de descrição dos dados em um relatório de pesquisa, devemos descrever, de maneira clara e objetiva, todos os dados coletados. É importante apresentar a coleta dos dados em ordem cronológica, para que o leitor do relatório compreenda o passo a passo percorrido. Por exemplo, se estamos fazendo uma pesquisa de revisão bibliográfica, os dados que devemos descrever e inserir nesse item têm relação com todo o processo de inclusão dos textos escolhidos para serem tratados na revisão. Em outras palavras, devemos indicar a escolha da base de dados para a revisão proposta, as palavras-chave inseridas na base para a busca de trabalhos, o número de trabalhos que a base retornou e todos os trabalhos que foram incluídos, inserindo, de preferência em um quadro, o título de cada trabalho e o nome do autor, ou autores.

No momento da descrição dos dados, não devemos emitir juízo de valor em relação aos dados coletados nem nossa opinião. Os dados coletados devem ser justificados e, no item de descrição, devemos ter cuidado para contemplar o máximo de detalhes presentes durante o processo da coleta.

Devemos ficar atentos para fugir do óbvio, pois o leitor não fará, necessariamente, as mesmas leituras que fizemos nem a mesma investigação. Se pretendemos que a pesquisa seja divulgada, compartilhada e ampliada, esse item precisa de todos cuidados já citados.

Contudo, se o relatório de pesquisa for transformado em um artigo, por exemplo, talvez esse item não apareça no nosso texto, porque algumas revistas exigem que a descrição dos dados não seja um item específico do artigo, mas apresentada em outro item do trabalho, à nossa escolha.

A sugestão é que, no caso de publicarmos um artigo com base no relatório de pesquisa, façamos a descrição da coleta dos dados da investigação no item *metodologia*.

5.3 Discussão de dados

A discussão de dados é feita no momento de análise das informações coletadas. Contudo, no momento dessa discussão, precisamos voltar para as teorias selecionadas no desenvolvimento da investigação e considerar as lentes teóricas selecionadas, pois esses dados devem "conversar" com essas teorias.

No entanto, devemos ter em mente que, na discussão dos dados, nem todos eles irão, necessariamente, aparecer. O que devemos mostrar nesse item são as informações que responderam ao problema de pesquisa, mesmo que, na condição de pesquisador, a resposta não tenha sido aquela que esperávamos.

No momento de coleta dos dados, já devemos considerar o momento de discussão, pois este deve ser intencional em nossa investigação. É possível que dados não previstos surjam nesse momento, mas a intenção nunca deve faltar. Por isso, devemos ter em mente, além do problema de pesquisa, os objetivos propostos para a investigação.

Ressaltamos que a discussão é um dos itens mais importantes da pesquisa, pois é na apresentação dessa discussão que conseguiremos mostrar a relevância da investigação. Nesse item, deve ser considerado, além da lente teórica citada anteriormente, a perspectiva filosófica adotada na investigação. Para que isso fique evidente no relatório da pesquisa, escolhemos uma metodologia de análise de dados específica, a qual trataremos na sequência deste texto.

Na Figura 5.1, a seguir, ilustramos a relação entre a discussão dos dados, a lente teórica, o problema e os objetivos da pesquisa.

Figura 5.1 – Relação entre discussão dos dados, lente teórica, problema e objetivos da pesquisa

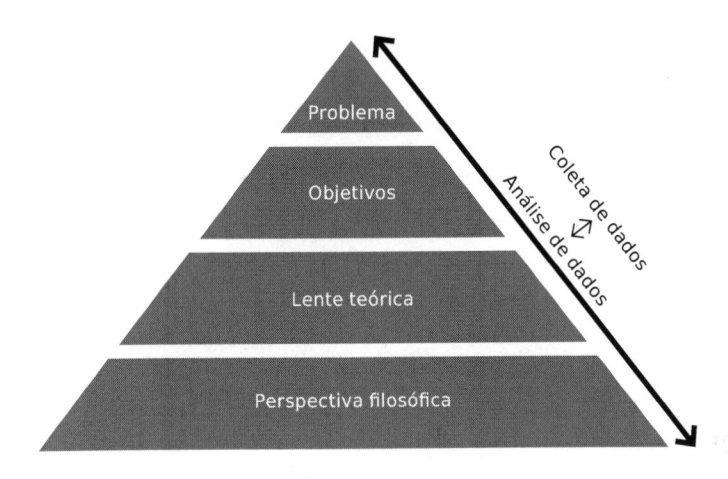

```
                    Problema
                   Objetivos                    Coleta de dados
                                             Análise de dados
                  Lente teórica
              Perspectiva filosófica
```

Observando a imagem, vemos que a coleta e a análise dos dados se relacionam de maneira direta, assim como perpassam todas as fases da pesquisa. A discussão de dados entra no processo de análise, que será tratado na próxima seção.

5.4 Análise de dados

O processo de análise de dados, assim como o processo de coleta, depende do tipo de pesquisa que está sendo desenvolvida e dos instrumentos utilizados na captação dos dados para a investigação. Nesse sentido, existem diferentes possibilidades para o desenvolvimento da análise dos dados da pesquisa.

De maneira geral, em pesquisas qualitativas, analisamos textos e outros instrumentos de maneira mais subjetiva e, em pesquisas quantitativas, examinamos ferramentas com dados mais estatísticos.

Em todos os processos de análise, é necessária a sistematização, uma vez que não é possível analisar dados desconsiderando, por exemplo, o objetivo da pesquisa e sua problematização.

Na análise, buscaremos responder à questão norteadora e verificar as hipóteses levantadas, portanto, organizar esse momento é fundamental para não perdermos o foco da investigação.

O pesquisador Creswell (2007, p. 194) explica que:

> O processo de análise dos dados consiste de extrair sentido dos dados de texto e imagem. Envolve preparar os dados para análise, conduzir análises diferentes, aprofundar-se cada vez mais no entendimento dos dados, fazer representação dos dados e fazer uma interpretação do significado mais amplo dos dados.

Em outras palavras, a análise de dados precisa de preparação e de organização. É essencial direcionarmos nossas análises visando extrair o maior número de informações possível dos dados coletados. Para tanto, podemos iniciar com uma análise simples e passarmos para uma análise mais complexa. Além disso, é possível utilizar diferentes ferramentas para nos auxiliar e otimizar esse processo.

Atualmente, existem *softwares* que podem nos ajudar na análise de pesquisas, tanto quantitativas quanto qualitativas. Um exemplo para uso em dados quantitativos é o Excel, por meio do qual é possível criar tabelas, relacionar dados, gerar gráficos, aplicar fórmulas, manipular e refinar os dados de maneira simples e com uma visibilidade acessível.

Outros *softwares* ou plataformas* já disponíveis gratuitamente na internet que podem auxiliar na análise em pesquisa quantitativa são:

- **DataMelt**: Faz análise estatística de *big data*.
- **Knime Analytics Plataform**: Busca modelar os dados por meio de uma programação visual.
- **R Project**: Faz análise estatística e modelagem de dados, além de criar exibição gráfica, classificação e agrupamento dos dados nele inseridos.
- **Iramuteq**: Faz análise estatística de dados e os apresenta por meio de gráficos e de tabelas de distribuição de frequência.

Existem outros *softwares* que podem ser utilizados em pesquisas quantitativas além desses citados.

Apesar de ser mais comum aos pesquisadores quantitativos o uso de *softwares* no processo de análise dos dados, também existem os que auxiliam pesquisadores qualitativos nas análises, como o Iramuteq, já citado

---

* Todos os *softwares* e plataformas citados aqui são facilmente localizados por meio das ferramentas de busca na internet.

anteriormente. Alguns pesquisadores que fazem investigações tendo como base a teoria das representações sociais*, proposta por Moscovici (1978), mais especificamente a teoria do núcleo central**, proposta por Abric (1994), utilizam o Iramuteq no momento de suas análises, pois ele oferece outras possibilidades além de análises estatísticas e apresentação de gráficos, como a análise de similitude, por exemplo.

Podemos citar também o Atlas.ti, o NVivo e o Maxqda, que oferecem a possibilidade de inserção de diferentes instrumentos para análise.

No Atlas.ti, por exemplo, podemos inserir planilhas, textos, imagens, sons e vídeos de maneira simultânea. Com esse programa, podemos criar um projeto com os instrumentos utilizados e, no momento de análise de cada um deles, gerar anotações e códigos, além de ser possível fazer uma autocodificação. É possível também apresentar a análise desenvolvida por meio de redes (similares a mapas conceituais), de nuvem de palavras,

---

* Teoria desenvolvida por Serge Moscovici, a qual busca identificar conceitos de diferentes objetivos por meio da interação social de um determinado grupo de pessoas.

** Teoria desenvolvida por Jean-Claude Abric com base na teoria das representações sociais. Ela busca identificar o principal, ou principais, elemento(s) da representação de um determinado objeto dado por um determinado grupo de pessoas. Esses elementos são identificados por Abric como *núcleo central*, *periferia próxima*, *periferia* e *zona de contraste*.

de gráficos, além de gerar relatórios, conforme nossa necessidade.

Vale salientar que, especialmente na pesquisa qualitativa, a análise é feita pelo próprio pesquisador por meio de sua lente teórica. Conforme Creswell (2014), o uso dessas ferramentas possibilita que o pesquisador qualitativo dedique mais tempo ao processo de reflexão sobre sua pesquisa e análise efetiva dos dados. Isso acontece porque, nos *softwares* citados, temos a possibilidade de organizar e manipular as informações obtidas, mas não de fazer alguma análise por meio deles.

Como afirmam Vosgerau et al. (2020, p. 539): "É necessário ter consciência que o software não realizará nenhum trabalho sozinho, pois [...] ele não substitui as ações do investigador, especialmente as inferências e as reflexões realizadas a partir dos dados coletados em uma pesquisa".

5.4.1 O processo de escrita da pesquisa desenvolvida

Os últimos passos de uma pesquisa são a escrita e a apresentação do relatório, que não recebe esse nome, sendo geralmente denominado *tese*, *dissertação*, *monografia*, *artigo*, *ensaio* ou outro. A escrita do relatório tem uma grande relevância, pois ela é a comunicação formal da pesquisa. Com sua divulgação, outras pesquisas podem ser desenvolvidas e a ciência pode ser ampliada.

Como argumenta Gil (2008, p. 181):

> A última etapa do processo de pesquisa é a redação do relatório. Embora algumas vezes desconsiderado, mesmo nos meios científicos, o relatório é absolutamente indispensável, posto que nenhum resultado obtido na pesquisa tem valor se não puder ser comunicado aos outros. É bem verdade que as habilidades para o desenvolvimento desta etapa diferem daquelas requeridas nas etapas anteriores. Entretanto, a comunicação dos resultados da pesquisa é de responsabilidade do pesquisador e como tal deve receber atenção semelhante a das demais etapas da pesquisa.

É comum que o processo de escrita do relatório aconteça de maneira simultânea ao desenvolvimento da investigação. Ele tem início com o projeto e, com base no texto do projeto, vai sendo ampliado, conforme os passos da pesquisa vão sendo finalizados. O relatório deve ser revisto de maneira constante pelo pesquisador, que deve considerá-lo como suporte para o desenvolvimento de sua investigação, inclusive para os processos de reflexão sobre o desenvolvimento da pesquisa.

As regras para a normalização e a formatação do texto devem seguir o que nos for sugerido e orientado pela instituição para a qual apresentaremos o relatório. Em outras passagens, já destacamos a exigência de normas de um trabalho científico, por isso precisamos ficar atentos e formatar citações e referências seguindo a orientação indicada.

As normas mais comuns adotadas pelas principais instituições de ensino e de pesquisa e pelos periódicos científicos são as da Associação Brasileira de Normas e Técnica (ABNT), da American Psychological Association (APA), as de Vancouver e as da Modern Language Association (MLA).

Além das questões relativas à organização e à formatação do texto, Gil (2008, p. 181) destaca que: "Como todo e qualquer instrumento destinado à comunicação, o relatório de pesquisa deve considerar o público a ser atingido". De acordo com esse autor:

> O pesquisador precisa ter em mente as características do público a que se destina o relatório. Um relatório destinado a pesquisadores deverá ser bastante diferente de outro destinado ao público em geral. Ambos deverão ainda ser diferentes de um relatório apresentado a autoridades governamentais, que podem dirigir sua ação de acordo com os resultados apresentados. Qualquer que seja, no entanto, o público a que é dirigido o relatório, alguns aspectos devem ser necessariamente considerados pelo pesquisador, ou seja, certas normas referentes à estrutura do texto, ao seu estilo e à sua apresentação gráfica. (Gil, 2008, p. 181)

A informalidade ou a formalidade na escrita do texto, inclusive o uso de primeira ou de terceira pessoa do discurso, deve seguir as recomendações do orientador do projeto e da instituição a que o relatório será submetido.

Mesmo que a informalidade seja a opção, devemos atentar para marcas de oralidade no texto. Frases como "o processo de coleta de dados foi *superinteressante*", "a cor ressaltada na investigação é *tipo* uma cor laranja", "os alunos gostaram de fazer a atividade porque ela era *maneira*" são marcadas pelo uso de termos da fala coloquial, que deve ser evitada na elaboração do relatório científico.

Gil (2008) destaca a importância de elementos textuais, como objetividade, clareza, precisão, coerência e concisão, que o relatório de pesquisa deve ter. Em relação à objetividade, Gil (2008) aponta que devemos evitar que a sequência do texto seja desviada com considerações irrelevantes, portanto, precisamos cuidar para que o texto tenha linearidade, evitando tanto repetir quanto "pular" informações importantes. Ao escrevermos, devemos ter cuidado para não inserir opiniões pessoais ou informações de senso comum.

Quanto à clareza, Gil (2008, p. 184) explica que "as ideias devem ser apresentadas sem ambiguidade, para não originar interpretações diversas. Deve-se utilizar vocabulário adequado, sem verbosidade, sem expressões com duplo sentido e evitar palavras supérfluas, repetições e detalhes prolixos". A clareza também deve ser observada em relação a citações e referências que inserimos no texto, visto que perspectivas teóricas diferentes, que discordem em alguns aspectos, mesmo que tratando do mesmo assunto, podem não ser compreendidas da forma como pretendemos e parecer falta de lógica. Sendo assim, quando indicarmos colocações de outros pesquisadores em nosso relatório, precisamos contextualizá-las e deixar claro o objetivo do contraponto sobre o assunto.

Ao tratar da precisão, Gil (2008, p. 185) explica que "cada expressão deve traduzir com exatidão o que se quer transmitir, em especial no que se refere a registros de observações, medições e análises". É importante que, no item de metodologia, indiquemos todos os passos percorridos na pesquisa, desde o início da coleta de dados até a seleção de categorias e critérios escolhidos para análise dos dados coletados. É comum encontrar textos nos quais, na metodologia, o pesquisador apenas indica o tipo de pesquisa que está desenvolvendo e omite o passo a passo percorrido, deixando uma lacuna para a compreensão da pesquisa desenvolvida.

Gil (2008) ainda aponta que é bom evitar palavras que generalizem o assunto. A generalização nem sempre é real no processo de investigação; em alguns momentos, pretendemos apenas enfatizar algo, mas nos equivocamos em nossas colocações. Palavras como *muito*, *todos*, *sempre*, *nunca*, *nada*, *nenhum* devem ser evitadas.

É fundamental que o texto tenha "sequência lógica e ordenada" (Gil, 2008, p. 185), uma vez que a falta de sequência dificulta a leitura e a compreensão. O planejamento do processo de escrita é, portanto, fundamental, inclusive para evitar frases longas, parágrafos extensos ou muito breves. Como esclarece Gil (2008, p. 185): "Períodos longos, abrangendo várias orações subordinadas, dificultam a compreensão e tornam pesada a leitura".

Alguns itens, como já explicamos, são comuns ao projeto e ao relatório de pesquisa, como tema, resumo, problematização, objetivo geral, objetivos específicos, justificativa, referencial teórico, metodologia, resultados, discussão, considerações finais e referências bibliográficas. Por essa razão, cada um desses itens será detalhado a seguir, mesmo que, dependendo do tipo de relatório, alguns deles não sejam obrigatórios.

5.5 Resumo e considerações finais da pesquisa

O resumo de um relatório de pesquisa não tem relação com o resumo do tema; trata-se, na verdade, da síntese do texto do relatório de pesquisa como um todo. Ele apresentará, de maneira sucinta, o projeto ou o relatório de pesquisa. É a primeira impressão que o leitor terá sobre a investigação. Com base no resumo, o trabalho pode ser relacionado a outros trabalhos em um processo de revisão, razão por que deve ser bem escrito e contemplar todos os itens descritos no projeto ou no relatório de pesquisa.

No resumo, os seguintes itens devem estar contemplados de maneira sucinta: 1) tema da pesquisa; 2) objetivo da investigação; 3) metodologia utilizada; 4) principais resultados; 5) e considerações finais ou próximos passos. As palavras-chave devem ser incluídas logo após o resumo.

As palavras-chave sintetizam os principais tópicos do relatório e podem ser, também, expressões compostas por mais de uma palavra, como p*esquisa científica, ensino de Física, formação do professor*, entre outras. A escolha dos termos que serão indicados como palavras-chave deve ser criteriosa, visto que, por meio delas, o texto poderá ser encontrado por outros pesquisadores em um processo de investigação.

Podemos indicar, em média, três a cinco palavras-chave ao final do resumo, dependendo das orientações da instituição a que o relatório será submetido. Elas podem ser separadas por ponto, vírgula ou ponto e vírgula.

Alguns periódicos têm uma lista de palavras que podem ser utilizadas no momento de submissão de um artigo referente a determinada área. Essa lista é denominada *thesaurus*, ou *tesauro*.

O resumo é parte importante do relatório e, obviamente, deve ser escrito por último, após finalizarmos o trabalho como um todo.

O item de considerações finais tem grande relevância porque é o espaço para nos posicionarmos, indicando se os resultados foram os esperados ou não.

Nesse espaço, deve-se comentar se a pesquisa atingiu o objetivo e apresentar as potencialidades e as fragilidades da investigação. Nas considerações finais, é praxe indicarmos uma continuidade para a pesquisa desenvolvida, pois partimos do princípio de que a ciência está sempre em movimento e nenhuma investigação é um fim em si mesmo.

Radiação residual

Neste capítulo, explicamos que, para a coleta de dados, podemos utilizar diferentes instrumentos, cuja escolha deve considerar o fenômeno, a questão norteadora, as hipóteses levantadas (caso tenha alguma na pesquisa) e o objetivo da pesquisa. Nesse momento, manter o foco deve ser nosso principal objetivo para que possamos identificar instrumentos que efetivamente nos auxiliem na construção da investigação. Alguns instrumentos, mesmo que válidos nos processos de pesquisa científica, podem não auxiliar na investigação proposta, logo, sua seleção é importante.

Tratamos também a respeito da análise dos dados, um processo de reflexão fundamentado em todos os dados coletados e na perspectiva teórica que serve de base para a investigação.

Nesse momento, o foco deve ser o de avaliar as hipóteses e de responder ao problema de pesquisa.

No processo de análise, é possível utilizarmos *softwares* específicos para organizar e manipular os dados.

Alguns instrumentos de coleta de dados e *softwares* de análise de dados foram apresentados ao longo deste capítulo, mas, como ressaltamos, existem outros que podem ser utilizados, disponíveis e acessíveis ao pesquisador.

Testes quânticos

1) Assinale a alternativa que indica com o que a coleta de dados de uma pesquisa deve se relacionar de maneira direta:
   a) A coleta de dados de uma pesquisa deve se relacionar diretamente com as possibilidades do pesquisador.
   b) A coleta de dados de uma pesquisa deve se relacionar diretamente com o conhecimento que o pesquisador tem sobre diferentes ferramentas tecnológicas para essa coleta.
   c) A coleta de dados de uma pesquisa deve se relacionar diretamente com a abordagem escolhida para o desenvolvimento da pesquisa.
   d) A coleta de dados de uma pesquisa deve se relacionar diretamente com o funcionamento da pesquisa no Brasil.
   e) A coleta de dados de uma pesquisa deve se relacionar diretamente com o que os participantes da investigação esperam do pesquisador.

2) Assinale a alternativa que indica corretamente os instrumentos utilizados com mais frequência na pesquisa qualitativa:
   a) Entrevistas e observações.
   b) Entrevistas e planilhas eletrônicas.
   c) Planilhas eletrônicas e observações.
   d) Entrevistas, observações e planilhas eletrônicas.
   e) Entrevistas e gráficos de colunas.

3) Assinale a alternativa que indica corretamente o(s) item(ns) que o pesquisador deve considerar no momento de análise e discussão dos dados de uma investigação:
   a) Perspectiva filosófica.
   b) Lente teórica.
   c) Objetivos.
   d) Problema de pesquisa.
   e) Todas as alternativas anteriores.

4) Existem diferentes tipos de *softwares* que podem ser utilizados atualmente como auxílio no processo de análise de dados de pesquisa qualitativas. Assinale a alternativa que indica qual deles faz análise estatística de *big data*:
   a) DataMelt.
   b) Knime.
   c) R Projet.
   d) Iramutec.
   e) Altas.ti.

5) Assinale a alternativa que indica as normas para elaboração de trabalhos científicos mais utilizada por pesquisadores iniciantes:

a) APA.
b) ABNT.
c) Vancouver.
d) MLA.
e) Nenhuma das alternativas anteriores.

Interações teóricas

Computações quânticas

1) Pesquisadores qualitativos não costumam utilizar com frequência *softwares* de análise de dados porque os dados coletados com essa abordagem necessitam de análises específicas, que não se alinham a resultados de fórmulas ou gráficos. Contudo, hoje existe uma promoção para o uso desses *softwares*, especialmente os que são criados de maneira específica para a análise de dados qualitativos. Sabendo que a pesquisa qualitativa requer uma análise minuciosa e que considera diferentes instrumentos de pesquisa, qual é o papel do pesquisador qualitativo no momento da análise de dados ao utilizar um *software* durante esse processo?

2) Por que a análise dos dados está intimamente relacionada ao processo de coleta de dados tanto quanto está relacionada à perspectiva filosófica da investigação? Como se dá essa relação? O pesquisador precisa considerar a perspectiva filosófica antes da análise dos dados ou somente no momento desta? Elabore um texto escrito com suas reflexões sobre essas questões.

Relatório do experimento

1) Considerando suas aprendizagens com os estudos deste capítulo, avalie o projeto de pesquisa que elaborou na "Atividade aplicada: prática" do Capítulo 4 e identifique se existe a possibilidade de utilizar algum *software* para o processo de análise planejado. Se sim, busque verificar o funcionamento desse *software* e avalie se ele auxiliará em seu processo de investigação. Se não houver possibilidade de uso de algum *software* de análise de dados, faça uma reflexão e justifique essa falta de possibilidade, visando preparar-se para uma banca de qualificação que deseje que você utilize esse tipo de ferramenta em sua investigação.

Ética na pesquisa em ensino de Física

6

Em pesquisa, a ética norteia o trabalho do pesquisador e o leva a produzir ciência de fato. Por isso, falar sobre essa relação é fundamental em todos os momentos do desenvolvimento de uma pesquisa.

Sendo assim, neste capítulo, apresentaremos a definição do que é ética na pesquisa e os passos necessários para desenvolvermos uma pesquisa fundamentada na ética.

Descreveremos, ainda, o processo de submissão a um comitê de ética de um projeto de pesquisa voltado para as investigações com seres humanos.

6.1 Ética na investigação científica

No dicionário Rocha (2005, p. 306), o significado de *ética* é "ciência da moral", referindo-se "aos bons costumes; [...]; parte da filosofia que trata da bondade das ações humanas; conclusão moral que se tira de algo; conjunto das faculdades morais; o que é moral" (Rocha, 2005, p. 479).

Contudo, Nosella (2008) aponta que os dois termos não são sinônimos, apesar de remeterem a significados correlatos e até mesmo sobrepostos.

> A civilização latina herdou o conceito de ética do debate filosófico da Grécia clássica e preservou-lhe o sentido de reflexão teórica. Assim, ética significa, em primeiro lugar, o ramo da filosofia que fundamenta científica e teoricamente a discussão sobre valores, opções

(liberdade), consciência, responsabilidade, o bem e o mal, o bom e o ruim etc., enquanto o termo *mos-moris* (moral) refere-se principalmente aos hábitos, aos costumes, ao modo ou maneira de viver. Assim, qualifica-se um certo hábito ou costume de virtuoso ou vicioso e um certo modo de agir ou viver de moral ou imoral. Ao contrário, o termo *ética*, por remeter à fundamentação filosófica da própria moral, geralmente não se qualifica. (Nosella, 2008, p. 256, grifo do original)

Na introdução deste capítulo, já apresentamos uma breve definição do termo *ética*. Aqui, vamos nos aprofundar e compreender o papel da ética, de maneira bem específica, em processos de pesquisa. Diante disso, vamos iniciar apresentando considerações de Paiva (2005, p. 44) sobre ética em seu artigo *Reflexões sobre ética e pesquisa*:

> A ética, segundo Cenci (2002, p. 90), "nasce amparada no ideal grego da justa medida, do equilíbrio das ações". Cenci explica que "a justa medida é a busca do agenciamento do agir humano de tal forma que o mesmo seja bom para todos". Se a pesquisa envolve pesquisadores e pesquisados – ou pesquisadores e participantes –, é importante que a ética conduza as ações de pesquisa, de modo que a investigação não traga prejuízo para nenhuma das partes envolvidas. Dupas (2001, p. 75), lembrando Habermas, para quem "a teoria deve prestar contas à práxis", alerta que "o saber não pode, enquanto tal, ser isolado de suas consequências".

> Devido à imprevisibilidade das consequências de uma investigação, é imperativo que a ética esteja sempre presente ao elaborarmos um projeto de pesquisa, principalmente, quando esta lida com seres humanos.

No trecho citado, Paiva (2005) expõe o que Cenci e Habermas afirmam sobre ética. Para Cenci, a ética se relaciona com o equilíbrio das ações e, para Habermas, a prática deve justificar a teoria, ou seja, existem consequências para nossas ações.

Em outras palavras, precisamos ter ciência de que, na condição de pesquisadores, nossas ações precisam ser justificáveis e equilibradas, portanto, devemos agir com ética. Vamos buscar compreender um pouco mais ao continuar abordando o tema.

Como já afirmamos, uma pesquisa parte da inquietação de um pesquisador. Ao buscar responder a essa inquietação, ele percorrerá diferentes caminhos teóricos, metodológicos e práticos. Esse percurso é fundamental para que a pesquisa e sua conclusão sejam efetivamente validadas pela comunidade científica.

Ao ter a pesquisa validada, o pesquisador buscará recursos para sua divulgação, visando extrapolar o espaço científico, alcançando, inclusive, a sociedade, uma vez que pesquisas, especialmente as qualitativas, desenvolvidas por quem atua na área de ensino de Física devem ter relevância pessoal, científica e social.

Desde o início de qualquer pesquisa devemos nos pautar em fundamentos éticos, não somente naquelas que envolvam seres humanos.

Quais os fundamentos éticos no início de uma investigação?

Por exemplo, algumas vezes, os dados coletados são insuficientes em um primeiro momento, o que exigirá um novo processo de coleta; outras vezes, os dados coletados podem contradizer a hipótese que levantamos. Independentemente de essas situações exemplificadas, devemos ser fiéis aos dados coletados, ou seja, sob nenhuma hipótese podemos pensar em falsificá-los.

Se os dados coletados em uma investigação forem insuficientes, precisamos, sim, desenvolver novo processo de coleta de dados; portanto, antes de iniciar uma investigação, é essencial o planejamento para o seu desenvolvimento. Por essa razão, o projeto de pesquisa é de extrema relevância, uma vez que o planejamento estará indicado nele.

Se os dados que estivermos coletando indicarem, mesmo antes de uma análise, que a hipótese, ou a tese, levantada no início da investigação será contradita, devemos manter os dados e apontar a contradição. Uma resposta a uma investigação nem sempre é positiva e vai ao encontro ao que o pesquisador propôs. Revelar a contradição é importante!

Vejamos um exemplo fictício para compreender que a contradição a uma investigação proposta não significa que a pesquisa foi desenvolvida de maneira incoerente.

Exemplo 1

Um pesquisador buscou desenvolver uma substância para combater as células cancerígenas em seres humanos. Nos primeiros experimentos que fez em laboratório, ele obteve sucesso e, com base nesse resultado, desenvolveu a hipótese de que essa substância combateria todas as células cancerígenas existentes em pessoas com menos de 5 anos de idade – sim, é um exemplo limitado e, ao mesmo tempo, exagerado. Ao continuar com sua pesquisa fora de laboratório, com crianças com diagnóstico positivo para células cancerígenas, ele identificou que a substância teve sucesso em menos de 2% dos casos, contradizendo a hipótese levantada por ele inicialmente. Com base nesse resultado, o pesquisador concluiu que novas investigações deveriam ser realizadas e que a substância precisaria passar por novos procedimentos para melhoria, buscando, com essas novas investigações, chegar a um nível maior de eficácia.

No Exemplo 1, a hipótese levantada foi contradita, e isso não indica que a pesquisa foi incoerente ou irrelevante; pelo contrário, por meio dela, o pesquisador teve a possibilidade de iniciar novas investigações, por caminhos diferentes dos tomados anteriormente.

Agora, vamos refletir: Será que o exemplo dado não é uma situação distante de pesquisas que possam ser desenvolvidas na área do ensino de Física? Pode ser, por isso vamos a outro exemplo.

Exemplo 2

Um professor/pesquisador utilizou um simulador em uma turma de primeira série do ensino médio para trabalhar com experimentos físicos. Por meio desse simulador, os alunos tiveram a possibilidade de identificar conceitos da física e conseguiram compreendê-los de maneira mais rápida, quando comparados a alunos de outras turmas de primeira série que não utilizaram o mesmo recurso. Por esse motivo, o professor/pesquisador passou a utilizar esse simulador em todas as aulas e em todas as turmas com as quais atuava. Contudo, em uma turma de segunda série do ensino médio, a utilização do recurso, apesar de ter apresentado eficácia em outras turmas, não gerou o mesmo efeito. Os alunos dessa turma se distraíram no processo de utilização do simulador e não conseguiram fazer a relação entre o que ele apresentava e os conceitos teóricos que já tinham estudado anteriormente em sala de aula. Frustrado, o professor/pesquisador, em vez de buscar um novo simulador ou outro recurso didático para utilizar com essa turma, alterou os dados da investigação, replicando o que coletou na primeira turma citada, para poder escrever o seu relatório de pesquisa. O relatório desse professor/pesquisador sugeriu que o uso desse simulador sempre promove o aprendizado em sala de aula de maneira efetiva, mas nós sabemos que isso não foi uma realidade, não é mesmo?

No Exemplo 2, o pesquisador não demonstrou ética no momento de coleta de dados nem na apresentação dos resultados, pois forjou-os, buscando dar uma resposta "positiva" ao uso do simulador. Sua intenção pode ter sido boa – promover o uso da ferramenta citada, por exemplo –, mas, em pesquisa, não vale a intenção, valem os fatos.

A alteração dos dados coletados pode ter implicações mais sérias, não previstas pelo pesquisador, pois ele não ofereceu essa oportunidade à investigação e, ainda mais grave: uma mentira foi contada ao final do seu relatório.

São apenas exemplos, mas é possível identificar neles que a falta de ética no processo de coleta de dados e de apresentação de resultados pode mudar todo o percurso desenvolvido por diferentes pesquisadores. E, infelizmente, a falta de ética de alguns pode levar outros pesquisadores a desenvolverem pesquisas que apresentam contradições, descredibilizando, assim, a ciência perante a sociedade.

Paiva (2005, p. 58), citando Mota (1998), afirma que

a ética não é algo dado pela natureza, mas um produto de nossa consciência histórica. Não vem pronta para ser consumida, mas é construída na ação humana, que sempre exige a presença de um outro. Quem exercita a ética são indivíduos que fazem parte de uma comunidade. Seus atos são morais somente se considerados nas suas relações com os outros. Sem os outros, não há ética.

Apesar de *moralidade* e *ética* não serem sinônimos, porque o que é moral para um não necessariamente é moral para outro, devemos atentar que Paiva (2005) defende que atos morais somente são considerados com base na relação entre dois indivíduos. Isso também se dá ao considerarmos os diferentes processos de pesquisa, pois, geralmente, as pesquisas são realizadas para o desenvolvimento da sociedade, de um determinado grupo, ou seja, se o pesquisador, especialmente o qualitativo, se compromete com o social, ele precisa agir de maneira ética, respeitando princípios que não provoquem dano a outros seres humanos.

Diante do que pontuamos até aqui, ser um pesquisador ético é ser responsável com todo o processo desenvolvido em uma investigação: com os dados coletados, os resultados apresentados, a escrita do relatório, a comunicação da pesquisa desenvolvida. Em outras palavras, é ser responsável diante da comunidade científica e da sociedade em geral.

Ainda, ser ético é ser solidário! Especialmente se considerarmos que a solidariedade provém de atos de responsabilidade entre diferentes indivíduos. O pesquisador deve ser solidário com os participantes de uma investigação e com os leitores de um relatório de pesquisa, bem como com os demais pesquisadores, que poderão, com base nos dados apresentados em uma pesquisa, desenvolver novas investigações.

6.2 Comitê de ética

Para pesquisas com seres humanos, existe a exigência de que o projeto da investigação seja apresentado a um comitê de ética, que avaliará se o projeto proposto não expõe as pessoas a riscos durante o processo da pesquisa.

Ao ler esse primeiro parágrafo, o leitor pode até imaginar que pesquisas na área da saúde realmente precisam passar por um comitê de ética, mas pesquisas na área da educação parecem dispensar essa exigência, mesmo que "somente" sejam utilizados questionários como instrumentos de coleta de dados, não é mesmo? Mas não é bem assim, porque sempre que uma pesquisa envolve seres humanos, mesmo que apenas por meio de uma entrevista simples, riscos devem ser previstos, indicados pelo pesquisador e analisados por um comitê de ética.

Essa exigência existe porque toda pesquisa apresenta algum tipo de risco que pode não ser tão evidente como os efeitos colaterais de um medicamento que está sendo desenvolvido, mas que envolve o risco de exposição do participante que não quer ser exposto. Também pode haver risco emocional, caso o participante se sinta desconfortável com uma pergunta ou uma situação específica decorrente do processo de investigação. Por isso, devemos refletir sobre nosso projeto e avaliá-lo de maneira integral, a fim de identificarmos qual é o tipo de risco a que estará se submetendo o participante da investigação. Ao identificarmos algum risco, podemos submeter o trabalho a um comitê de ética, que nos auxiliará a minimizar esses riscos indicados no projeto proposto.

Se não conseguirmos identificar riscos com base no projeto de pesquisa proposto, no processo de análise e de avaliação do projeto, o comitê de ética poderá indicar esses riscos, objetivando que sejam feitas adequações na investigação para proteger seus participantes.

Barbosa, Boery e Ferrari (2012, p. 40) assim esclarecem o que é o Comitê de Ética em Pesquisa (CEP) efetivamente e quais são suas atribuições:

> O CEP é um órgão de vital importância para toda e qualquer instituição de ensino e pesquisa; pois, possui dentre suas funções, a missão de proteger os participantes da pesquisa (os quais muitas vezes se encontram em situação de vulnerabilidade socioeconômica, psicológica e de saúde) e sensibilizar os pesquisadores quanto à importância de respeitar os direitos e a integridade física, moral, psicológica e cultural dos participantes das pesquisas. A relevância do CEP também se torna evidente quando lembramos que o debate ético sobre a pesquisa travado neste órgão passa por um meio não

exclusivamente acadêmico, favorecendo a ampliação da reflexão ética ao colocar os participantes da pesquisa, nas pessoas dos representantes dos usuários e/ou da comunidade, para tomar parte do CEP e de suas discussões, já que este espaço também pertence a eles, pois os CEP seguem o modelo moral pluralista (Oliveira, 2004). Além disso, os CEP também protegem os pesquisadores e as instituições de pesquisa e contribuem para o aprimoramento de seu trabalho ao verificar a necessidade de alguns ajustes nos projetos de pesquisa, auxiliando assim na minimização dos desconfortos e/ou riscos a que os participantes serão submetidos e na maximização dos benefícios aos participantes e/ou à sociedade; o que, consequentemente, reduz a ocorrência de pesquisas com falhas éticas que comprometem os participantes da pesquisa, o pesquisador enquanto profissional e a instituição enquanto promotora das pesquisas.

Os membros do CEP avaliam o projeto de pesquisa e identificam se o projeto proposto é viável ou não de ser desenvolvido como pesquisa. Eles emitem pareceres sobre os projetos submetidos e, com base neles, os pesquisadores têm a possibilidade de aprimorá-los, adaptando-os.

Ressaltamos que, se quisermos dar continuidade ao projeto proposto ao CEP, teremos de aguardar sua aprovação por parte desse comitê. Enquanto ele não for aprovado integralmente, não podemos iniciar a investigação propriamente dita. Por isso, mais uma vez, destacamos a importância do planejamento, pois precisamos nos planejar até mesmo para aguardar o prazo de avaliação do projeto pelo CEP, separando um tempo para fazer possíveis adaptações no projeto e para novas avaliações, caso sejam requeridas pelo comitê de ética em pesquisa.

O processo de submissão de um projeto de pesquisa ao CEP demanda tempo e dedicação por parte do pesquisador porque, além do texto do projeto, será necessário enviar mais alguns documentos, como documentos pessoais, cronograma da pesquisa, declaração dos pesquisadores, conforme modelo proposto pelo CEP, orçamento previsto para o desenvolvimento da investigação, modelo do termo de consentimento livre e esclarecido (TCLE), que será submetido aos participantes para assinatura, carta de aceite da instituição na qual será desenvolvida a pesquisa, se for esse o caso da proposta do projeto, entre outros documentos específicos que dependem do tipo de pesquisa que se deseja desenvolver.

A submissão desses documentos acontece em uma plataforma específica, denominada *Plataforma Brasil* (Brasil, 2023), conforme indica a Figura 6.1.

Figura 6.1 – Página inicial do *site* da Plataforma Brasil

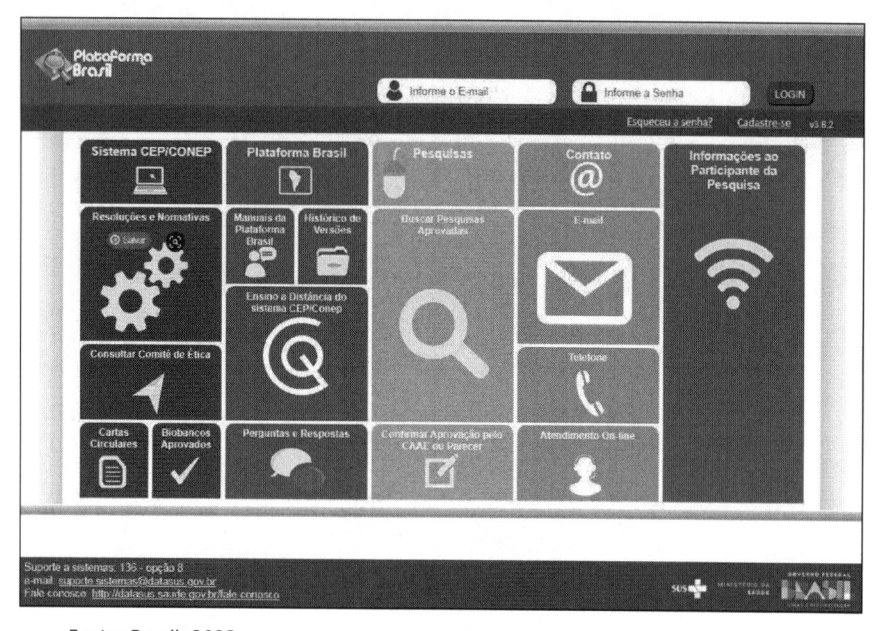

Fonte: Brasil, 2023.

Nessa plataforma, o projeto é direcionado para uma instituição de ensino superior que mantenha um comitê de ética que possa analisar a proposta submetida. Se estivermos vinculados a uma instituição de ensino superior, o projeto submetido por nós é direcionado pelos responsáveis pela Plataforma Brasil à instituição com a qual temos vínculo.

Na página inicial da plataforma, como vemos na Figura 6.1, existem algumas orientações que podem ser acessadas para compreendermos de maneira mais específica como realizar esse processo. Sugerimos o acesso a essa plataforma para uma breve investigação de seus componentes e para se inteirar de como funciona o CEP.

6.3 Termo de consentimento livre e esclarecido

O TCLE é utilizado sempre que uma investigação envolver seres humanos. Como já citamos, o TCLE deve ser submetido ao comitê de ética para avaliação antes de iniciarmos qualquer investigação.

Após a aprovação do projeto pelo comitê de ética, o TCLE deve ser entregue aos participantes da pesquisa. Somente poderemos incluir na investigação a participação daqueles que, de fato, assinaram o termo concordando com as condições ali apresentadas.

Mesmo sendo iniciante, os pesquisadores mantêm vínculo com uma instituição de educação superior, que deve disponibilizar o modelo do TCLE. Caso ela não tenha um modelo definido, precisaremos inserir os seguintes dados na investigação:

1. nome do pesquisador ou dos pesquisadores;
2. contato do pesquisador e da instituição de origem da pesquisa;
3. título da pesquisa;
4. objetivo da pesquisa;
5. justificativa da pesquisa;
6. explicação sobre os procedimentos pelos quais os indivíduos vão participar;
7. indicação dos possíveis riscos ou transtornos pelos quais os indivíduos que aceitaram participar da pesquisa poderão passar;

8. garantia de sigilo da privacidade dos participantes;
9. indicação de ressarcimento e cobertura de despesas por parte do pesquisador;
10. garantia de indenização diante de danos eventuais no desenvolvimento da investigação.

O TCLE deve seguir a Resolução n. 466, de 12 de dezembro de 2012, do Conselho Nacional de Saúde (Brasil, 2013). Uma via desse documento, assinada pelo pesquisador, deve ser entregue a todos os participantes da investigação. O pesquisador deve guardar o TCLE assinado por todos os indivíduos, caso seja solicitada a apresentação do consentimento dos participantes por meio da assinatura deles em algum momento.

6.4 Implicações éticas na pesquisa

No momento da escrita do projeto ou do relatório da pesquisa, também devemos nos fundamentar na ética. Esses documentos, especialmente o relatório, serão divulgados, e para que seu conteúdo preze uma investigação e agregue valor para determinado campo científico, a excelência e o cuidado com a ética devem ser verificáveis, considerando o que já foi pontuado anteriormente.

É certo que a comunidade científica consegue, com recursos simples, fazer uma verificação por meio de *softwares* detectores de plágio, por exemplo, e também por meio da compreensão que avaliadores de comitês de ética têm sobre os processos de uma investigação.

O leitor mais leigo e o pesquisador iniciante, contudo, podem não conseguir identificar algumas inconsistências. Por isso, listamos alguns pontos relacionados a uma postura ética durante o processo de escrita de um relatório de pesquisa, para garantirmos preceitos éticos e apresentarmos isso de forma clara para o leitor de nosso texto:

- Os dados descritos devem ser efetivamente os coletados, conforme pontuado anteriormente.
- Os resultados apresentados devem ter passado por um processo de análise rigoroso e representar a realidade investigada, sem insinuações ou interferências desqualificadas.
- A imparcialidade do pesquisador deve ficar evidente no momento de apresentação dos resultados. É certo que, na pesquisa qualitativa, o pesquisador traz consigo paradigmas e perspectivas filosóficas que podem e devem compor o texto, mas, no momento de apresentação dos resultados, suas opiniões não devem ser apontadas, pois esse item, como o próprio nome sugere, destina-se à apresentação dos resultados como eles são. O pesquisador deve guardar as inferências para o momento de discussão dos resultados, cuidando para que tenham relação com a teoria que fundamenta a pesquisa.
- O texto deve ser de autoria do próprio pesquisador. Cópias integrais de textos de outras pessoas ou mesmo a paráfrase de outros autores sem referência

à fonte, incluindo ideias, não apenas desqualificam a investigação, visto tratar-se de plágio, como também acarretam consequências graves, uma vez que plágio é crime, como já esclarecemos em capítulo anterior.

As pesquisadoras da área do direito e da ética Lívia Pithan e Tatiane Vidal, ao tratar de plágio no desenvolvimento de uma pesquisa, argumentam:

> O plágio trata-se de uma questão ética, antes do que jurídica. É de grande importância a função educativa da universidade para o desenvolvimento de pesquisas científicas com integridade ética. Conforme Booth et al., a partir da elaboração de uma pesquisa científica passamos a definir nossos princípios éticos e, então, fazer escolhas que os violam ou os respeitam. Conforme os autores, toda a pesquisa deve oferecer um "convite à ética" para o pesquisador, e é por isso que se deve ter tanta preocupação com a integridade do trabalho científico, condenado a prática do plágio, visto que, quem comete um plágio intencional, não furta apenas palavras, e sim algo muito mais valioso no consciente coletivo da sociedade que é a confiança na produção científica. (Pithan; Vidal, 2013, p. 78)

Em relação aos aspectos jurídicos que envolvem o plágio, as autoras explicam:

> A palavra "plágio" não é encontrada no ordenamento jurídico brasileiro. Porém, sabe-se que diversos dispositivos legais tratam do tema, se o caracterizando

juridicamente como violação de direito autoral. [...] Devemos lembrar as consequências jurídicas cíveis da possível violação de direitos autorais. O artigo 108 da **Lei de Direitos Autorais** dispõe que responderá por danos morais aquele que utilizar obra intelectual sem indicar ou anunciar o nome (ou pseudônimo ou sinal convencional) do autor ou do intérprete. Além da **Lei de Direitos Autorais**, no **Código Penal** encontram-se dispositivos que tratam do tema e tipificam como conduta criminosa a violação de direitos autorais.
(Pithan; Vidal, 2013, p. 79, grifo do original)

É fundamental, portanto, ficarmos atentos no momento da escrita para não incorrermos em plágio, mesmo que de maneira não intencional. Atualmente, alguns *softwares* auxiliam na identificação de plágio de textos ou partes destes, informando onde consta a publicação. Ideias e conceitos já tratados em outros textos ou vídeos disponíveis na internet podem ter sido assimilados como nossas, pois já lemos, relemos e visualizamos em diferentes momentos sem tomar nota de sua autoria original. É importante que, antes de submetermos um trabalho à avaliação, verifiquemos a autenticidade do relatório produzido em um *software* detector de plágio. Se identificarmos inconsistências, poderemos fazer adequações, além de atribuir as devidas autorias.

Também é preciso estarmos atentos ao autoplágio, quando reproduzimos trechos de textos e relatórios de pesquisa de nossa autoria já publicados. Se desejarmos reescrever um trabalho nosso já publicado, precisamos referenciar tanto a publicação anterior quanto a nossa própria autoria para podermos dar sequência à investigação e ao novo texto que está sendo produzido.

6.5 Divulgação dos resultados da pesquisa

Como já relatamos, a divulgação dos resultados de uma pesquisa é relevante, especialmente se esses resultados forem divulgados além da comunidade acadêmica. A divulgação aberta dos resultados de uma investigação pode levar a sociedade a compreender os processos pelos quais percorre, pois a ciência evolui com a sociedade, assim como a sociedade evolui com a ciência.

A divulgação pode se dar por meio de diferentes processos, e os mais comuns são a participação do pesquisador em um evento científico – semanas acadêmicas, seminários, conferências, congressos – e a publicação do relatório da pesquisa ou de um artigo em uma revista científica. Para isso, é necessário adequar o relatório ao formato exigido pela revista e aguardar a avaliação pelos pares.

No caso dos cursos de especialização, mestrado e doutorado, o resultado da investigação desenvolvida para a obtenção dos títulos (especialista, mestre e doutor, respectivamente) é divulgado por meio de monografia ou artigo, no caso da especialização; da dissertação, no caso do mestrado; ou da tese, no caso do doutorado. Como, nesses casos, o pesquisador estará vinculado a um programa de pós-graduação, sua pesquisa poderá estar disponível na plataforma da instituição de ensino superior. Durante o desenvolvimento do mestrado e do doutorado, é praxe também a publicação dos resultados da pesquisa alcançados até então, inclusive como parte das exigências desses cursos. Geralmente as instituições de ensino superior mantêm a publicação de periódicos científicos justamente para estimular a divulgação não apenas das pesquisas que desenvolvem, mas também de seus pares.

É possível ainda divulgar os resultados de uma investigação por meio da produção de um livro.

Radiação residual

Ao longo deste capítulo, apresentamos considerações sobre a ética na pesquisa, ressaltando que o pesquisador precisa ser criterioso no momento da coleta de dados e na apresentação dos dados coletados, sem alterá-los sob qualquer justificativa, mesmo que perceba que eles não vão levar o desenvolvimento da investigação à resposta esperada.

Explicamos também que a apresentação dos resultados não deve sofrer interferências e que o pesquisador deve apresentá-los com base na teoria, ou nas teorias, que fundamentou/fundamentaram sua investigação, perspectivas e concepções filosóficas para a discussão dos resultados, mas sem alterar os dados em benefício próprio ou como justificativa de benefício científico ou social.

Abordamos também os aspectos relacionados ao plágio e suas consequências éticas e jurídicas, incluindo a paráfrase sem as referências completas à fonte.

Tratamos das exigências relacionados aos Comitês de Ética em Pesquisa (CEP) e de sua importância para o desenvolvimento de pesquisas que envolvam seres humanos, a fim de respaldar o pesquisador e o participante da investigação, livrando-os de riscos no processo da pesquisa.

Por fim, apresentamos as possibilidades mais comuns para divulgação dos resultados de uma pesquisa.

Testes quânticos

1) Assinale a alternativa com o sobrenome do autor citado por Paiva (2005) que afirma que a ética se relaciona com o equilíbrio das ações:
   a) Cenci.
   b) Habermas.
   c) Gil.
   d) Creswell.
   e) Elias.

2) Qual o tipo de pesquisa que precisa de aprovação por parte do comitê de ética?
   a) Pesquisas de laboratório.
   b) Pesquisas que envolvam seres humanos.
   c) Pesquisas de mapeamento sistemático.
   d) Pesquisas de revisão.
   e) Pesquisas que utilizem *softwares* de análise de dados qualitativos.

3) Assinale a alternativa com o significado correto da sigla TCLE:
   a) Trabalho de curso de língua estrangeira.
   b) Termo de comissão em língua espanhola.
   c) Termo de consentimento livre e esclarecido.
   d) Termo de consentimento latino esclarecido.
   e) Termo de concessão livre expressão.

4) Assinale a alternativa correta sobre como o pesquisador pode garantir os preceitos éticos na escrita do texto de sua investigação:
   a) Indicando, no texto, dados que foram efetivamente coletados.
   b) Apresentando resultados que passaram por um rigoroso processo de análise.
   c) Buscando ser imparcial na apresentação dos resultados.
   d) Evitando plágio.
   e) Todas as alternativas anteriores.

5) A divulgação dos dados de uma pesquisa é relevante, mesmo fora da comunidade acadêmica. Assinale a alternativa correta sobre a razão dessa relevância:
   a) Ao divulgar os dados, o pesquisador pode obter financiamento de empresas privadas.
   b) Ao divulgar os dados, o pesquisador pode obter engajamento nas redes sociais.
   c) Ao divulgar os dados, o pesquisador pode promover, além da evolução da ciência, a evolução da sociedade.
   d) Ao divulgar os dados, o pesquisador pode obter parceria de outros pesquisadores.
   e) Ao divulgar os dados, o pesquisador se prepara para a qualificação de seu mestrado e/ou doutorado.

Interações teóricas

Computações quânticas

1) Buscando chegar a uma resposta positiva para o problema que levantou, um pesquisador alterou um pouco os dados que coletou e, no processo de análise, não indicou essas alterações. Apesar de a resposta ser positiva para ele, a pesquisa não foi efetiva e ele agiu sem considerar alguns preceitos éticos. Se você fosse o avaliador do trabalho desse pesquisador e identificasse inconsistências no processo de coleta e

de análise de dados que ele realizou, como você agiria? Elabore um texto escrito em resposta a esse pesquisador e compartilhe com seu grupo de estudo.

2) Um pesquisador se comprometeu com o comitê de ética a realizar uma pesquisa com 200 seres humanos apenas. Contudo, ele coletou assinaturas de 250 pessoas no TCLE que entregou. Como esse número não era o que estava firmado no compromisso dele com o comitê de ética, como ele deve agir? Deve entrar em contato com o comitê de ética novamente? Se sim, como ele fará isso? Se não, o que ele deve fazer com os termos extras para os quais coletou assinaturas?

Relatório do experimento

1) Um dos *softwares* detectores de plágio gratuitos disponíveis na internet é o Copy Spider. Faça o *download* desse *software* e submeta seu projeto de pesquisa (elaborado conforme as orientações dos capítulos anteriores) para identificar se existe plágio nele. Se você não fez o projeto ainda, escolha um artigo disponível na internet, relacionado a algum tema que você deseja pesquisar, e faça a análise desse artigo por meio do Copy Spider. Anote em um texto escrito suas considerações sobre o que conseguiu identificar utilizando esse *software* e compartilhe com seu grupo de estudo.

Além das camadas eletrônicas

Neste livro, tratamos sobre os diferentes processos que um pesquisador precisa compreender para o desenvolvimento de uma investigação, tais como identificar sua perspectiva filosófica, seus valores e suas crenças, além de compreender como se posicionar diante de uma investigação.

Neste espaço, poderíamos tratar da legislação brasileira para o ensino de Física nas instituições educacionais, além de ter trazido a história do ensino de Física e sua evolução no sistema educacional brasileiro, mas optamos por levantar outras reflexões porque acreditamos que, por estarmos tratando de pesquisas no ensino de Física, devemos levar o leitor a compreender que pesquisas que envolvam essas reflexões são muito importantes para uma mudança de postura e de conceito em sala de aula sobre os processos de ensino e de aprendizagem da física atualmente.

Para nos auxiliar nessa compreensão, no primeiro capítulo, apresentamos conceitos básicos, mas fundamentais, que devem embasar a formação daqueles que objetivam desenvolver uma pesquisa científica, visando levar ao leitor à compreensão sobre ciência e pensamento crítico.

Como a construção do conhecimento exige ordem, no segundo capítulo, mostramos que os métodos adequados permitirão a boa utilização dos recursos intelectuais e materiais durante o desenvolvimento de uma pesquisa, porque se trata de um procedimento sistemático e racional. Conhecer diferentes metodologias capacita o pesquisador a reconhecer quando deve alterar o tipo de pesquisa escolhido com base nos resultados coletados.

Por essa razão, no terceiro capítulo, orientamos o leitor a identificar o histórico das pesquisas em educação no Brasil, considerando isso como base para compreendermos os processos de pesquisa que são desenvolvidos na atualidade. Por isso, apontamos algumas linhas de pesquisa relacionadas ao ensino de Física, a fim de que o leitor perceba as possibilidades de desenvolvimento de investigações nessa área e tenha um ponto de partida, caso ainda não saiba por onde iniciar o processo.

Contudo, para o início de uma investigação, a compreensão de seu desenvolvimento integral, desde a construção do projeto, é relevante, por isso tratamos desse processo no quarto capítulo. Com base nos estudos desse capítulo, o leitor teve a possibilidade de compreender como construir um problema de pesquisa, como elaborar os objetivos geral e específicos e como alinhar a justificativa de uma investigação ao tema, ao problema e aos objetivos propostos no projeto.

Essa compreensão, como tratamos nos dois capítulos finais, auxiliará o pesquisador a escrever o texto de sua investigação com base em critérios científicos específicos e em preceitos éticos.

Esperamos que este conteúdo auxilie você no processo de desenvolvimento de uma investigação.

Salientamos, porém, que, para nos tornarmos pesquisadores, precisamos de outras leituras sobre os temas aqui tratados, visto que eles não se esgotam em uma única obra.

Referências

ABRIC, J.-C. **Prácticas sociales y representaciones**. México: Ediciones Coyacán, 1994.

AFONSO, G. B. Astronomia indígena. In: REUNIÃO ANUAL DA SBPC, 61., 2009, Manaus. **Anais...** p. 1-5. Disponível em: <http://www.sbpcnet.org.br/livro/61ra/conferencias/co_germanoafonso.pdf>. Acesso em: 21 mar. 2023.

ANDRADE, M. M. **Como preparar trabalhos para cursos de pós-graduação**: noções práticas. 5. ed. São Paulo: Atlas, 2002.

ANDRÉ, M. Pesquisa em educação: buscando rigor e qualidade. **Cadernos de Pesquisa**, n. 113, p. 51-64, jul. 2001. Disponível em: <https://www.scielo.br/j/cp/a/TwVDtwynCDrc5VHvGG9hzDw/?format=pdf&lang=pt>. Acesso em: 21 mar. 2023.

BAPTISTA, S. G.; CUNHA, M. B. Estudo de usuários: visão global dos métodos de coleta de dados. **Perspectivas em Ciência da Informação**, v. 12, n. 2, p. 168-184, maio/ago. 2007. Disponível em: <https://www.scielo.br/j/pci/a/h6HP4rNKxTby9VZzgzp8qGQ/?format=pdf&lang=pt>. Acesso em: 27 mar. 2023.

BARBOSA, A. S.; BOERY, R. N. S. de O.; FERRARI, M. R. Importância atribuída ao Comitê de Ética em Pesquisa (CEP). **Revista de Bioética y Derecho**, n. 26, p. 31-43, sept. 2012. Disponível em: <https://scielo.isciii.es/pdf/bioetica/n26/original4.pdf>. Acesso em: 28 mar. 2023.

BAUTISTA, F. et al. El potencial del magnetismo em la clasificación de suelos: una revisión. **Boletín de la Socidad Geológica Mexicana**, v. 66, n. 2, p. 365-376, 2014. Disponível em: <https://www.scielo.org.mx/scielo.php?pid=S1405-33222014000200012&script=sci_abstract&tlng=pt>. Acesso em: 18 abr. 2023.

BRAGA, J. L. Para começar um projeto de pesquisa. **Comunicação & Educação**, v. 10, n. 3, p. 288-296, set./dez. 2005. Disponível em: <https://www.revistas.usp.br/comueduc/article/view/37542>. Acesso em: 18 mar. 2023.

BRASIL. Lei n. 9.610, de 19 de fevereiro de 1998. **Diário Oficial da União**, Poder Legislativo, Brasília, DF, 20 fev. 1998. Disponível em: <https://www.planalto.gov.br/ccivil_03/leis/l9610.htm>. Acesso em: 26 mar. 2023.

BRASIL. Lei n. 10.406, de 10 de janeiro de 2002. **Diário Oficial da União**, Poder Legislativo, Brasília, DF, 11 jan. 2002. Disponível em: <https://www.planalto.gov.br/ccivil_03/leis/2002/l10406compilada.htm>. Acesso em: 26 mar. 2023.

BRASIL. Ministério da Saúde. Conselho Nacional de Saúde. Resolução n. 466, de 12 de dezembro de 2012. **Diário Oficial da União**, Brasília, DF, 13 jun. 2013. Disponível em: <https://conselho.saude.gov.br/resolucoes/2012/Reso466.pdf>. Acesso em: 18 abr. 2023.

BRASIL. Ministério da Saúde. DataSus. **Plataforma Brasil**. Disponível em: <https://plataformabrasil.saude.gov.br/visao/publico/indexPublico.jsf>. Acesso em: 28 mar. 2023.

CAMARGO, E. P. de; NARDI, R. Dificuldades e alternativas encontradas por licenciandos para o planejamento de atividades de ensino de óptica para alunos com deficiência visual. **Revista Brasileira de Ensino de Física**, v. 29, n. 1, p. 115-126, 2007. Disponível em: <https://doi.org/10.1590/S1806-11172007000100018>. Acesso em: 18 abr. 2023.

CHAVES, A. S. Tecnologias de eletricidade limpa podem resolver a crise climática. **Revista Brasileira de Ensino de Física**, v. 43, p. 1-7, 2021. Disponível em: <https://doi.org/10.1590/1806-9126-rbef-2021-0361>. Acesso em: 18 abr. 2023.

CRESWELL, J. W. **Investigação qualitativa e projeto de pesquisa**: escolhendo entre cinco abordagens. Tradução de Sandra Mallmann da Rosa. 3. ed. Porto Alegre: Penso, 2014.

CRESWELL, J. W. **Projeto de pesquisa**: métodos qualitativo, quantitativo e misto. Tradução de Luciana de Oliveira da Rocha. 2. ed. Porto Alegre: Artmed, 2007.

CUBAS, J. M. **A infância e a adolescência na política de saúde mental**: uma análise por meio dos conselhos e conferências de saúde. 325 f. Tese (Doutorado em Tecnologia em Saúde) – Pontifícia Universidade Católica do Paraná, Curitiba, 2021.

DIAS, P. M. C.; MORAIS, R. F. Os fundamentos mecânicos do eletromagnetismo. **Revista Brasileira de Ensino de Física**, v. 36, n. 3, p. 1-14, 2014. Disponível em: <https://doi.org/10.1590/S1806-11172014000300019>. Acesso em: 18 abr. 2023.

DOURADO, S. S.; MARCHIORI, M. A. Processos quase estáticos, reversibilidade e os limites da termodinâmica. **Revista Brasileira de Ensino de Física**, v. 41, n. 2, p. 1-13, 2019. Disponível em: <https://doi.org/10.1590/1806-9126-rbef-2018-0067>. Acesso em: 18 abr. 2023.

ELIAS, A. P. de A. J.; ZOPPO, B. M.; GILZ, C. Concepções docentes quanto aos processos de formação de professores: um estudo exploratório. **Educação e Contemporaneidade**, Salvador, v. 29, n. 57, p. 29-44, jan./mar. 2020. Disponível em: <http://educa.fcc.org.br/pdf/faeeba/v29n57/0104-7043-faeeba-29-57-0029.pdf>. Acesso em: 21 mar. 2023.

EVANGELISTA, Á. M. **A metodologia sala de aula invertida no ensino do efeito fotoelétrico**. 119 f. Dissertação (Mestrado em Ensino de Ciências e Matemática) – Instituto Federal de Educação, Ciência e Tecnologia do Ceará, Fortaleza, 2019. Disponível em: <https://sucupira.capes.gov.br/sucupira/public/consultas/coleta/trabalhoConclusao/viewTrabalhoConclusao.jsf?popup=true&id_trabalho=8700552>. Acesso em: 24 mar. 2023.

FRANCELIN, M. M. Ciência, senso comum e revoluções científicas: ressonâncias e paradoxos. **Ciência da Informação**, Brasília, v. 33, n. 3, p. 26-34, set./dez. 2004. Disponível em: <https://www.scielo.br/j/ci/a/ZmhGpGCb8DnzGYmRBfGWNLy/?format=pdf&lang=pt>. Acesso em: 18 mar. 2023.

GATTI, B. A. **A construção da pesquisa em educação no Brasil**. Brasília: Liber Livro, 2007.

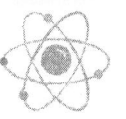

GIL, A. C. **Como elaborar projetos de pesquisa**. 4. ed. São Paulo: Atlas, 2002.

GIL, A. C. **Métodos e técnicas de pesquisa social**. 6. ed. São Paulo: Atlas, 2008.

HÜLSENDEGER, M. J. V. C. A história da ciência no ensino da termodinâmica: um outro olhar sobre o ensino de Física. **Revista Ensaio**, Belo Horizonte, v. 9, n. 2, p. 222-237, jul./dez. 2007. Disponível em: <https://doi.org/10.1590/1983-21172007090205>. Acesso em: 18 abr. 2023.

JIMÉNEZ, A. A.; MUÑOZ-CUARTAS, J. C.; AVENDAÑO, S. Integral Modelling of Propagation of Incident Waves in a Laterally Varying Medium: An Exploration in the Frequency Domain. **Ciencia, Tecnologia y Futuro**, v. 8, n. 2, p. 33-45, Dec. 2018. Disponível em: <https://doi.org/10.29047/01225383.79>. Acesso em: 18 abr. 2023.

JODELET, D. Représentations socialies: un domaine en expansion. In: JODELET, D. (Ed.). **Les représentations sociales**. Paris: PUF, 1989. p. 31-61.

KARAM, R. A. S.; CRUZ, S. M. S. C. de S.; COIMBRA, D. Relatividades no ensino médio: o debate em sala de aula. **Revista Brasileira de Ensino de Física**, v. 29, n. 1, p. 105-114, 2007. Disponível em: <https://doi.org/10.1590/S1806-11172007000100017>. Acesso em: 18 abr. 2023.

KLITZKE, A. Surgimento da definição de conhecimento como crença verdadeira justificada. **Gavagai**, Erechim, v. 6, n. 2, p. 101-119, jul./dez. 2019. Disponível em: <https://periodicos.uffs.edu.br/index.php/GAVAGAI/article/view/11650/7447>. Acesso em: 17 abr. 2023.

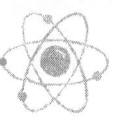

KOIFMAN, S. Geração e transmissão da energia elétrica: impacto sobre os povos indígenas no Brasil. **Cadernos de Saúde Pública**, Rio de Janeiro, v. 17, n. 2, p. 413-423, mar./abr. 2001. Disponível em: <https://doi.org/10.1590/S0102-311X2001000200016>. Acesso em: 18 abr. 2023.

LANGHI, R.; NARDI, R. Ensino da astronomia no Brasil: educação formal, informal, não formal e divulgação científica. **Revista Brasileira de Ensino de Física**, v. 31, n. 4, dez. 2009. Disponível em: <https://doi.org/10.1590/S1806-11172009000400014>. Acesso em: 18 abr. 2023.

LONGHINI, M. D. O universo representado em uma caixa: introdução ao estudo da astronomia na formação inicial de professores de física. **Revista Latino-Americana de Educação em Astronomia**, n. 7, p. 31-42, 2009. Disponível em: <https://www.relea.ufscar.br/index.php/relea/article/view/125/153>. Acesso em: 21 mar. 2023.

LÜDKE, M.; ANDRÉ, M. E. D. A. **Pesquisa em educação**: abordagens qualitativas. São Paulo: EPU, 1986.

MENEZES, L. P. G.; BATISTA, M. C. Entre considerações físicas e geométricas: um estudo sobre as hipóteses astronômicas na primeira parte da obra *Astronomia Nova*, de Johannes Kepler. **Revista Brasileira de Ensino de Física**, v. 44, p. 1-14, 2022. Disponível em: <https://doi.org/10.1590/1806-9126-rbef-2022-0048>. Acesso em: 18 abr. 2023.

MOREIRA, M. M. P. C. **Contribuições de uma sequência didática com experimentação para aprendizagem de eletrodinâmica**: um estudo de caso com alunos do ensino médio. 144 f. Dissertação (Mestrado em Ensino de Ciências e Matemática) – Instituto Federal de Educação, Ciência e Tecnologia do Ceará, Fortaleza, 2019. Disponível em: <https://sucupira.capes.gov.br/sucupira/public/consultas/coleta/trabalhoConclusao/viewTrabalhoConclusao.jsf?popup=true&id_trabalho=7874194>. Acesso em: 24 mar. 2023.

MORESI, E. (Org.). **Metodologia da pesquisa**. Brasília: UCB, 2003. Disponível em: <http://www.inf.ufes.br/~pdcosta/ensino/2010-2-metodologia-de-pesquisa/MetodologiaPesquisa-Moresi2003.pdf>. Acesso em: 18 mar. 2023.

MOSCOVICI, S. **A representação social da psicanálise**. Tradução de Álvaro Cabral. Rio de Janeiro: Zahar, 1978.

MOSCOVICI, S. **Representações sociais**: investigações em psicologia social. Tradução de Pedrinho A. Guareschi. Petrópolis: Vozes, 2003.

NARDI, R. A pesquisa em ensino de Física no Brasil: considerações sobre suas origens, expansão e perspectivas. In: SEMINÁRIO INTERNACIONAL DE PESQUISA E ESTUDOS QUALITATIVOS, 5., 2018, Foz do Iguaçu. **Anais...** Foz do Iguaçu: Unioeste, 2018. p. 1-7. Disponível em: <https://sepq.org.br/eventos/vsipeq/documentos/43678106820/60>. Acesso em: 21 mar. 2023.

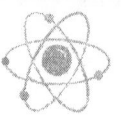

NELSON, O. R.; MEDEIROS, J. R. de. Assim na Terra como no céu: a teoria do dínamo como uma ponte entre o geomagnetismo e o magnetismo estelar. **Revista Brasileira de Ensino de Física**, v. 34, n. 4, p.1-9, dez. 2012. Disponível em: <https://www.scielo.br/j/rbef/a/63zj75ycmw6qsxDBzvkJ7jB/?lang=pt>. Acesso em: 18 abr. 2023.

NOSELLA, P. Ética e pesquisa. **Revista Educação e Sociedade**, Campinas, v. 29, n. 102, p. 255-273, jan./abr. 2008. Disponível em: <https://www.scielo.br/j/es/a/9HTpY96qdgmHhfhYsWsnBQh/?format=pdf&lang=pt>. Acesso em: 28 mar. 2023.

PAIVA, V. L. M. de O. e. Reflexões sobre ética e pesquisa. **Revista Brasileira de Linguística Aplicada**, v. 5, n. 1, p. 46-61, 2005. Disponível em: <https://www.scielo.br/j/rbla/a/Y5kbpyyLpSpMkKcwJRbDbZf/?format=pdf&lang=pt>. Acesso em: 28 mar. 2023.

PÉREZ, C. A. C. et al. Conservação do momento angular por videoanálise utilizando o brinquedo *flat balls*. **Revista Brasileira de Ensino de Física**, v. 42, 2020. Disponível em: <https://doi.org/10.1590/1806-9126-rbef-2020-0142>. Acesso em: 18 abr. 2023.

PITHAN, L. H.; VIDAL, T. R. A. O plágio acadêmico como um problema ético, jurídico e pedagógico. **Revista Direito & Justiça**, v. 39, n. 1, p. 77-82, jan./jun. 2013. Disponível em: <https://repositorio.pucrs.br/dspace/bitstream/10923/13018/2/O_plagio_academico_como_um_problema_etico_juridico_e_pedagogico.pdf>. Acesso em: 29 mar. 2023.

RAMOS, I. R. O. et al. Sobre a indução do campo eletromagnético em referenciais inerciais mediante transformações de Galileu e Lorentz. **Revista Brasileira de Ensino de Física**, v. 39, n. 2, p. 1-7, 2017. Disponível em: <https://doi.org/10.1590/1806-9126-rbef-2016-0161>. Acesso em: 18 abr. 2023.

RESSEL, L. B. et al. O uso do grupo focal em pesquisa qualitativa. **Texto Contexto Enfermagem**, Florianópolis, v. 17, n. 4, p. 779-786, out./dez. 2008. Disponível em: <https://www.scielo.br/j/tce/a/nzznnfzrCVv9FGXhwnGPQ7S/?format=pdf&lang=pt>. Acesso em: 27 mar. 2023.

ROCHA, R. **Minidicionário da língua portuguesa**. 13. ed. São Paulo: Scipione, 2005.

SALEM, S. **Perfil, evolução e perspectivas da pesquisa em ensino de Física no Brasil**. 385 f. Tese (Doutorado em Ensino de Ciências) – Universidade de São Paulo, São Paulo, 2012. Disponível em: <https://www.teses.usp.br/teses/disponiveis/81/81131/tde-13082012-110821/publico/Sonia_Salem.pdf>. Acesso em: 21 mar. 2023.

SANTOS, C. A. dos. Breve histórico da pesquisa em ensino de Física no Brasil – Parte 2. **História da Ciência**, 7 jul. 2020. Disponível em: <https://www.youtube.com/watch?v=tooG45NwWdA>. Acesso em: 24 mar. 2023.

SILVA, A. C. da; SANTOS, C. A. dos. Lâminas em alto-relevo para ensinar fenômenos ondulatórios a deficientes visuais. **Revista Brasileira de Ensino de Física**, v. 40, n. 4, 2018. Disponível em: <https://www.scielo.br/j/rbef/a/DNTGtPMqJms4dgdWmWzp9yd/?format=pdf&lang=pt>. Acesso em: 18 abr. 2023.

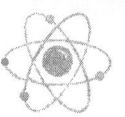

SILVA, E. P. da. **Educação CTS e energia**: uma análise das possibilidades e limites para o ensino de Física no contexto da EJA. 167 f. Dissertação (Mestrado em Educação Científica e Formação de Professores) – Universidade Estadual do Sudoeste da Bahia, Vitória da Conquista, 2020. Disponível em: <http://www2.uesb.br/ppg/ppgecfp/wp-content/uploads/2021/01/Disserta%C3%A7%C3%A3o-Emerson-Pires-da-Silva-.pdf>. Acesso em: 22 mar. 2023.

SILVEIRA, S.; GIRARDI, M. Desenvolvimento de um kit experimental com Arduino para o ensino de Física Moderna no ensino médio. **Revista Brasileira de Ensino de Física**, v. 39, n. 4, 2017. Disponível em: <https://doi.org/10.1590/1806-9126-rbef-2016-0287>. Acesso em: 18 abr. 2023.

SIMONI, F. de. Análise de uma corrida de 100 metros rasos. **Revista Brasileira de Ensino de Física**, v. 43, p. 1-7, 2021. Disponível em: <https://www.scielo.br/j/rbef/a/jcgQkwBqCbwsHPyBtMcgphL/?format=pdf&lang=pt>. Acesso em: 18 abr. 2023.

SOGA, D. et al. Um microscópio caseiro simplificado. **Revista Brasileira de Ensino de Física**, v. 39, n. 4, p. 1-7, 2017. Disponível em: <https://doi.org/10.1590/1806-9126-rbef-2017-0133>. Acesso em: 18 abr. 2023.

SOLAZ-PORTOLÉS, J. J.; LÓPEZ, V. S. Tipos de conhecimento e suas relações com a resolução de problemas em ciências: orientações para a prática. **Sísifo – Revista de Ciências da Educação**, n. 6, p. 105-114, maio/ago. 2008. Disponível em: <https://core.ac.uk/download/pdf/71038421.pdf>. Acesso em: 18 mar. 2023.

THIOLLENT, M. **Metodologia da pesquisa-ação**. 18. ed. São Paulo: Cortez, 2011.

TONET, I. **Método científico**: uma abordagem ontológica. São Paulo: Instituto Lukács, 2013. Disponível em: <https://beneweb.com.br/resources/METODO%20CIENTIFICO%20Uma%20abordagem%20ontol%C3%B3gica.pdf>. Acesso em: 17 abr. 2023.

VOSGERAU, D. S. R. et al. A utilização de softwares de análise de dados qualitativos sob o olhar de uma pesquisadora iniciante. SÁ, S. O. et al. (Ed.). **Investigação qualitativa em educação**: avanços e desafio. Aveiros, Portugal: Ludomedia, 2020. p. 536-548. v. 2. Disponível em: <https://publi.ludomedia.org/index.php/ntqr/article/view/116/114>. Acesso em: 27 mar. 2023.

VOSGERAU, D. S. R.; ROMANOWSKI, J. P. Estudos de revisão: implicações conceituais e metodológicas. **Revista Diálogo Educacional**, v. 14, n. 41, p. 165-189, jan./abr. 2014. Disponível em: <https://www.redalyc.org/pdf/1891/189130424009.pdf>. Acesso em: 19 mar. 2023.

Corpos comentados

CRESWELL, J. W. **Investigação qualitativa e projeto de pesquisa**: escolhendo entre cinco abordagens. Tradução de Sandra Mallmann da Rosa. 3. ed. Porto Alegre: Penso, 2014.

Nesse livro, Creswell trata de cinco abordagens para pesquisadores qualitativos: pesquisa narrativa, fenomenologia, teoria fundamentada, etnografia e estudo de caso. São apresentados os pressupostos filosóficos e as estruturas interpretativas de uma investigação, além de explicações sobre como desenvolver o projeto de um estudo qualitativo.

GATTI, B. A. **A construção da pesquisa em educação no Brasil**. Brasília: Liber Livro, 2007.

Nessa obra, Gatti apresenta um histórico sobre as pesquisas em educação desenvolvidas no Brasil. A autora trata de métodos, teorias, metodologias e indica as contribuições dessas pesquisas para o desenvolvimento dessa área em nível nacional.

GIL, A. C. **Métodos e técnicas de pesquisa social**. 6. ed. São Paulo: Atlas, 2008.

Nesse livro, Gil trata da natureza de uma pesquisa social e apresenta alguns métodos de investigação, além de explicar como ocorre a formulação de um problema de pesquisa e a elaboração de uma hipótese. O autor ainda trata do delineamento da pesquisa e do uso da biblioteca, além de falar sobre a escolha de uma amostra e de alguns instrumentos de investigação, tais como observação, entrevista e questionário.

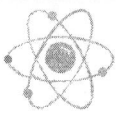

LÜDKE, M.; ANDRÉ, M. E. D. A. **Pesquisa em educação**: abordagens qualitativas. São Paulo: EPU, 1986.

Os autores abordam as características da pesquisa social nessa obra. Eles tratam sobre o papel do pesquisador e apontam abordagens de um processo de investigação qualitativo, como pesquisa etnográfica e de estudo de caso. Também discutem algumas características presentes em uma pesquisa qualitativa e alguns instrumentos que podem ser utilizados nela.

VOSGERAU, D. S. R.; ROMANOWSKI, J. P. Estudos de revisão: implicações conceituais e metodológicas. **Revista Diálogo Educacional**, v. 14, n. 41, p. 165-189, jan./abr. 2014. Disponível em: <https://www.redalyc.org/pdf/1891/189130424009.pdf>. Acesso em: 19 mar. 2023.

Nesse texto, Vosgerau e Romanowski apresentam as características de diferentes processos de pesquisas de revisão. Nele, são considerados trabalhos relacionados à área da educação e à área da saúde. A perspectiva das autoras é de levar o leitor a compreender que trabalhos de revisão exigem alguns aspectos metodológicos específicos e podem indicar tendências, recorrências e lacunas de pesquisas.

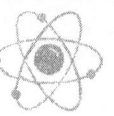

Respostas

Capítulo 1

Testes quânticos

1) b
2) a
3) d
4) a
5) e

Interações teóricas

Computações quânticas

1) A resposta deve ter relação com os tipos de trabalhos com que o leitor/pesquisador mais tem afinidade e para os quais faz leituras de maneira prazerosa. Identificar os métodos de pesquisa que estão relacionados a esses trabalhos pode levar o leitor/pesquisador a identificar os métodos que se relacionam diretamente com suas crenças e valores.
2) A resposta deve demonstrar que o leitor compreendeu que nem sempre uma hipótese será confirmada, pois o processo de pesquisa pode levar a um resultado que contradiz a hipótese.

Capítulo 2

Testes quânticos

1) d
2) a
3) c
4) a
5) d

Interações teóricas

Computações quânticas

1) A resposta deve indicar que o leitor compreendeu que pesquisas qualitativas, assim como processos educacionais, envolvem, na maioria das vezes, o trabalho direto com seres humanos, o qual é subjetivo e não pode ser previsto por meio de dados estatísticos.
2) A resposta deve ter relação com as características de uma pesquisa exploratória, como a possibilidade de levar o pesquisador a uma familiarização com determinado tema ainda por ele desconhecido.

Capítulo 3

Testes quânticos

1) c
2) e
3) d
4) b
5) c

Interações teóricas

Computações quânticas

1) A resposta deve considerar que eventos científicos promovem o desenvolvimento de outras pesquisas, graças à comunicação realizada por pesquisadores e participantes dos eventos e à troca de conhecimentos promovida por eles até os dias atuais.

2) A resposta deve considerar que a abordagem CTS/CTSA é proposta por diferentes pesquisadores há alguns anos e ela é citada em documentos oficiais, como a BNCC. Além disso, deve-se considerar que essa abordagem busca promover o desenvolvimento do conhecimento científico e, por isso, é dado destaque a ela em pesquisas nos últimos anos.

Capítulo 4

Testes quânticos

1) a
2) e
3) b
4) b
5) e

Interações teóricas

Computações quânticas

1) A resposta deve considerar que os objetivos específicos funcionam como uma divisão do objetivo geral, de maneira que sua amplitude fique mais acessível ao pesquisador para o desenvolvimento de uma pesquisa.

2) A resposta deve considerar que existem trabalhos acadêmicos de revisão publicados em diferentes periódicos e, por esse motivo, as revisões não compõem a justificativa da pesquisa, porque ela é a própria pesquisa.

Capítulo 5

Testes quânticos

1) c
2) a
3) e
4) a
5) b

Interações teóricas

Computações quânticas

1) A resposta deve considerar que os *softwares* de análise de dados qualitativos auxiliam o pesquisador a levantar categorias e a organizar a pesquisa como um todo, mas o processo de análise dos dados levantados é desenvolvido de maneira integral pelo pesquisador.
2) A resposta deve indicar que o leitor compreendeu que a perspectiva filosófica antecede o processo de uma investigação, já que ela apresenta os valores e as crenças do pesquisador, ocorrendo mesmo antes do processo de coleta de dados.

Capítulo 6

Testes quânticos

1) a
2) b
3) c
4) e
5) c

Interações teóricas

Computações quânticas

1) A resposta deve considerar o princípio ético de não manipular os dados em uma investigação. Mesmo que o pesquisador tenha crenças e valores próprios, deve identificá-los no processo investigativo, mas agir de maneira neutra, permitindo que as informações coletadas sejam transparentes.

2) A resposta deve indicar que o leitor compreendeu que é possível ao pesquisador enviar novamente o projeto ao comitê de ética com alterações, solicitando nova avaliação para utilizar todos os dados coletados. Esse contato deve ser realizado por meio de plataforma específica.

Sobre a autora

Ana Paula de Andrade Janz Elias é doutora em Educação (2022) pela Pontifícia Universidade Católica do Paraná (PUCPR), mestre em Ensino de Ciências e Matemática (2018) pela Universidade Tecnológica Federal do Paraná (UTFPR) e especialista em Inovação e Tecnologias na Educação (2019) pela mesma instituição. É especialista em Psicopedagogia Clínica e Institucional e em Psicomotricidade (2016) pelo grupo Rhema, licenciada em Matemática (2005) pela Universidade Federal do Paraná (UFPR) e graduada em Pedagogia (2020) pelo Centro Universitário Internacional Uninter. É membro do Grupo de Pesquisas sobre Tecnologias na Educação Matemática (Gptem), do grupo Cides (Pesquisa Criatividade e Inovação Docente no Ensino Superior) e do grupo EaD, presencial e híbrido: vários cenários profissionais, de gestão, de currículo, de aprendizagem e políticas públicas. Tem experiência como docente e como gestora em instituições de educação básica e do ensino superior. Atualmente, é professora da área de exatas da Escola Superior de Educação do Centro Universitário Internacional Uninter e produz materiais pedagógicos para instituições de ensino. Desenvolve pesquisas sobre aprendizagem autorregulada e sobre formação de professores da educação básica, da educação matemática e dos que se utilizam de tecnologias digitais nos processos de ensino e de aprendizagem.

Impressão:
Julho/2023